面向十二五工学结合教改立项教材
国家示范性职业院校专业建设项目成果

机械制图（习题册部分）

（修订版）

主　审　王守忠
主　编　李新德　汪　洋
副主编　朱　凯　王彦华　代战胜　王冬梅

中国商业出版社

图书在版编目(CIP)数据

机械制图(习题部分)(修订版)/李新德,汪洋主编.—北京:中国商业出版社,2013.9

ISBN 7-5044-5722-1

Ⅰ.机… Ⅱ.①李…②汪… Ⅲ.机械制图-高等学校-教材 Ⅳ.TH126

中国版本图书馆CIP数据核字(2006)第099657号

责任编辑:刘毕林

中国商业出版社出版发行
(100053 北京广安门内报国寺1号)
新华书店总店北京发行所经销
北京市书林印刷厂印刷

开本:787×1092毫米 1/16 印张:27 字数:650千字
2013年9月第3版 2013年9月第1次印刷
定价:50.00元(全二册)**本册定价:16.20元**

* *

前　言

本习题册是根据国家教育部审定的工程制图课程基本要求，并参照有关行业职业技能鉴定规范及中级技术工人等级考核标准编写的。与王守忠、李新德主编的《机械制图》一书配套使用，适用于中、高等职业技术院校机械类专业教学和中级技术工人技术等级考核培训。

本习题册的主要内容有：制图的基本规定；几何作图；正投影法与三视图；基本几何体；轴测图；组合体；图样的表示方法；零件图；装配图；计算机绘图。

主要特点是：

1. 从中、高等职业教育、培训的特点出发，加强实践性教学环节，侧重于形体——视图，视图——形体的训练，以读图为主，读画结合。

2. 减少了文字篇幅，增加了插图数量，语言通俗易懂，插图清晰，符合国家标准《技术制图》、《机械制图》的规定。

3. 在内容编排上力求循序渐进，由浅入深，便于老师安排教学，有利于学生理解和掌握。同时还设置了部分较难的作业题，供不同程度的学生选用。

4. 本习题册内容丰富、新颖，灵活多样，有填空题、作图题、大型作业题和计算机绘图题，习题的编号与教材的章序一致。

本习题册由李新德、汪洋担任主编，朱凯、王彦华、代战胜、王冬梅担任副主编。陈爱荣负责整个的统稿工作；王守忠担任主审。参加编写的人员有：张庆、何勋、闫善农、王丽等。由于编者水平有限，疏漏错误之处在所难免，恳请使用者批评指正。

编者

2013 年 9 月

再版说明

当前,随着我国经济的快速发展,至使各地对机电、工程类一线技能型人才的需求加大,甚至造成这类人才的紧缺。为适应市场需求,各类职业院校纷纷加大对机电、工程类职业技能型人才的培养,本套教材出版恰逢其时。《机械制图》一书是该套机电、工程类系列教材之一。本书自出版以来,因其内容深浅适度,繁简明析,被全国许多院校选为教学教材使用。对此,我们深表感激!同时,广大读者使用过程中,也对本书提出了很多宝贵的建议。我们借此修订之机,对大家的建议进行了充分地吸收和采纳,以使本书更加充实。再次欢迎大家多提建议,以便下次再版及时改正。

编者

2013年9月

目 录

第1章　制图的基本知识

1.1　汉字练习。

箱体座齿轮蜗杆螺母钉键销滚动轴承支架弹簧油泵球阀钢

锥斜度技术要求拉钩工作原理序号名称材料件数备注代号

商丘职业技术学院材料自控无线电计算机钢冶管理工程热能应用采矿场建筑地机制

班级　　　　姓名　　　　学号

1.2 阿拉伯数字练习。

1234567890

班级　　姓名　　学号

1.3　拉丁字母大小写练习。

ABCDEFGHIJKLMNOPQRSTUVWXYZ

abcdefghijklmnopqrstuvwxyz

班级　　　　　　　　　　姓名　　　　　　　　　　学号

1.4　线型练习(将下图抄画在右边空白处)。

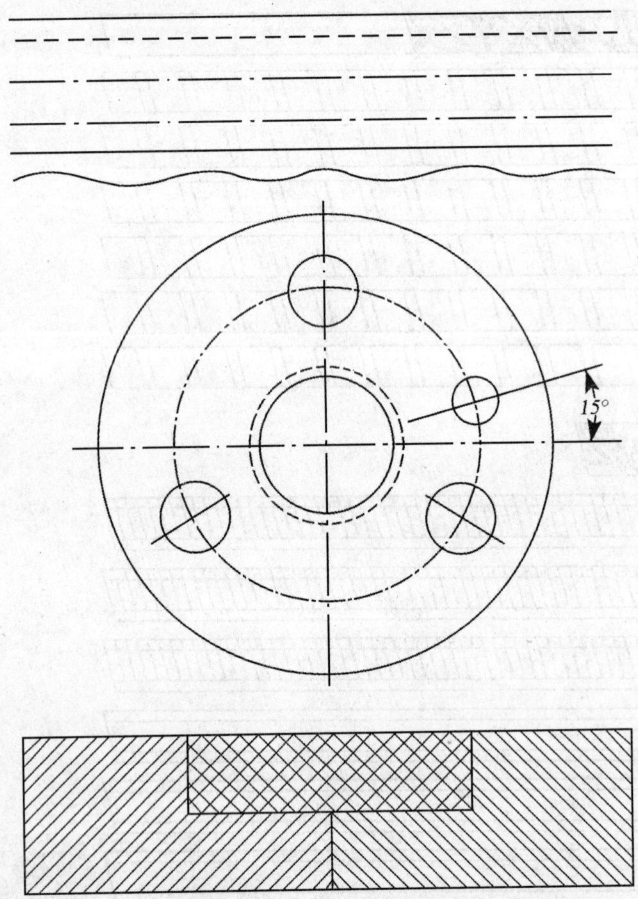

班级　　　　　　　　　　姓名　　　　　　　　　　学号

1.5 尺寸标注练习 1。指出上图中尺寸标注的错误，并在下图中正确标注尺寸。

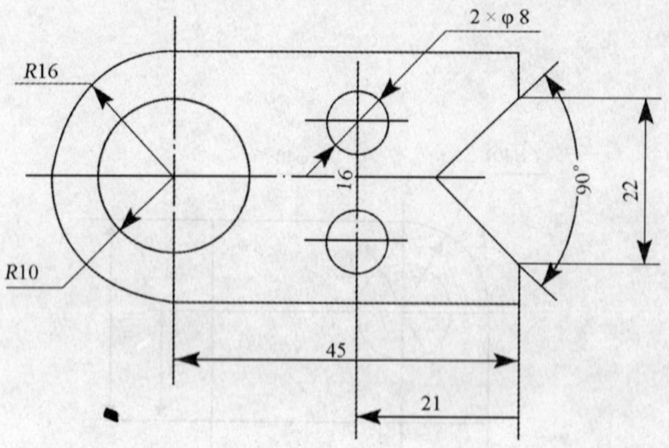

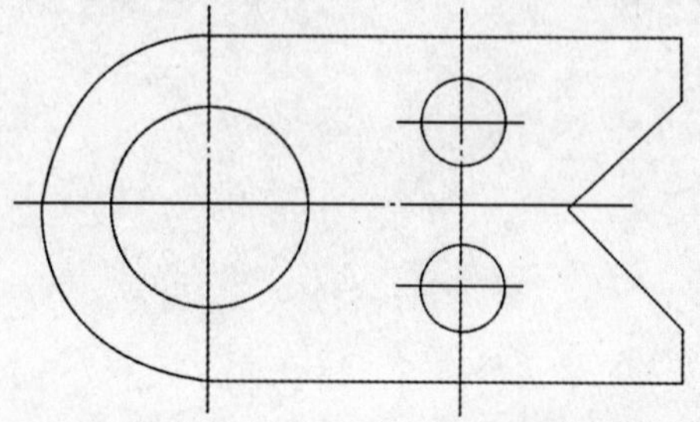

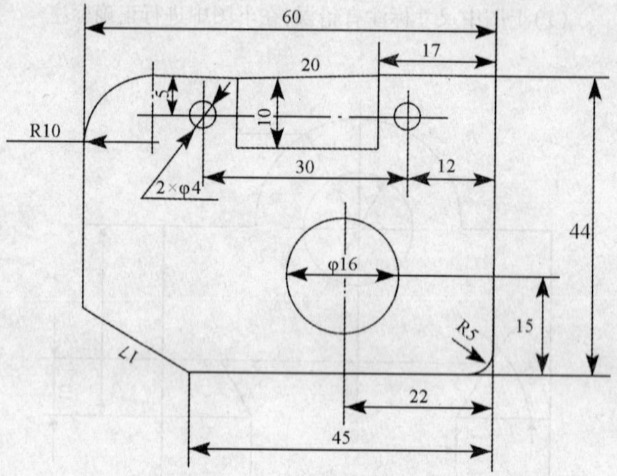

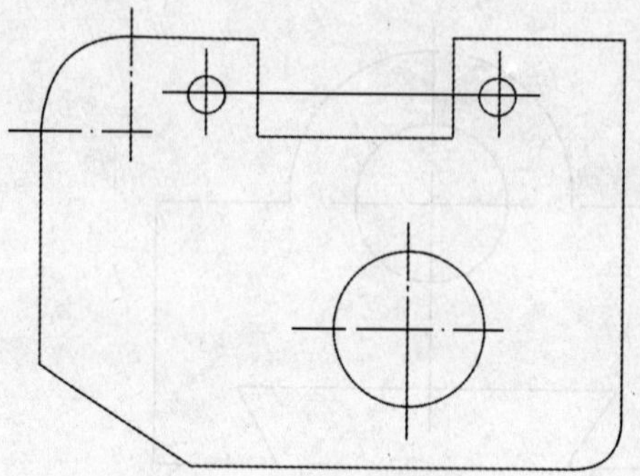

班级　　　　　　　　姓名　　　　　　　　学号

1.6　尺寸标注练习2。

(1)上图中尺寸标注有错误,在下图中进行正确标注

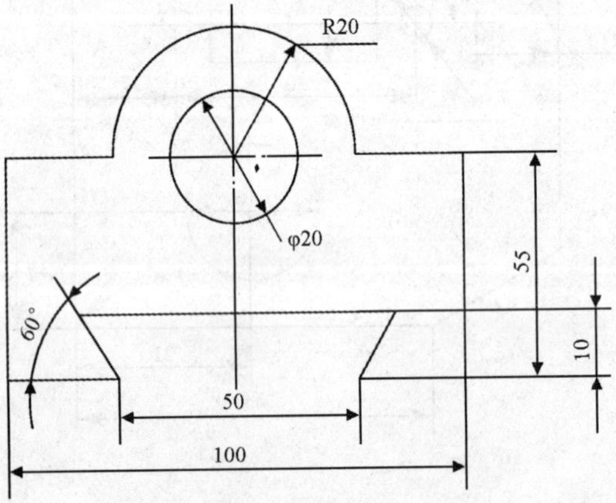

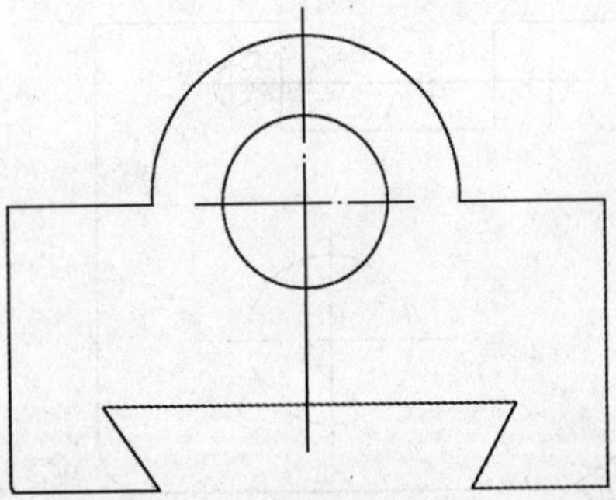

(2)参照下图,用1 ∶ 2的比例在指定位置画出图形,并标注尺寸

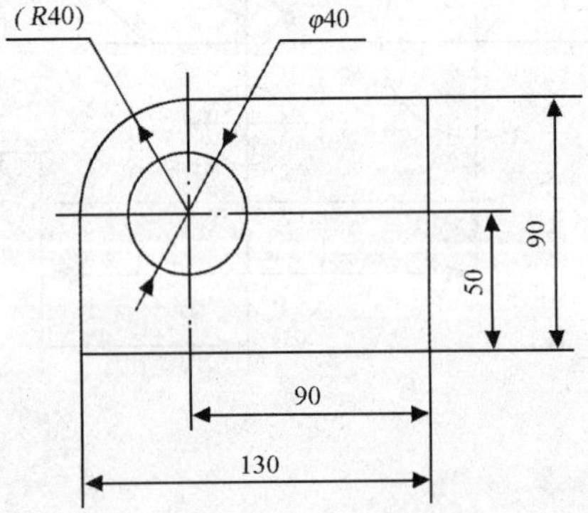

班级　　　　　　姓名　　　　　　学号

1.7 制图基本规定大作业。

<table>
<tr>
<td>

作业指导

1. 作业目的：

(1)练习字体的写法。

(2)掌握尺寸标注的基本方法。

(3)熟悉制图作业标题栏的画法。

(4)理解比例的概念。

2. 内容与要求：

(1)图中未标注的尺寸按 1 ∶ 1 的比例在图上量取，取整数标注在图样上，字体大小与图样中的字体大小一致。

(2)补画图中遗漏的尺寸箭头，规格与图样中的尺寸箭头一致。

(3)在 2 的右下角画出制图作业标题栏，并填写相关的内容，字体大小与图样中的字体大小一致。

(4)图名填写“作业练习题”。

</td>
<td>

2.

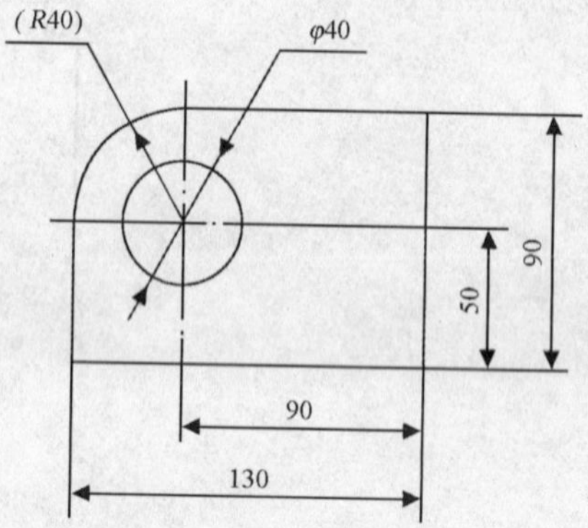

</td>
</tr>
<tr>
<td>

1.

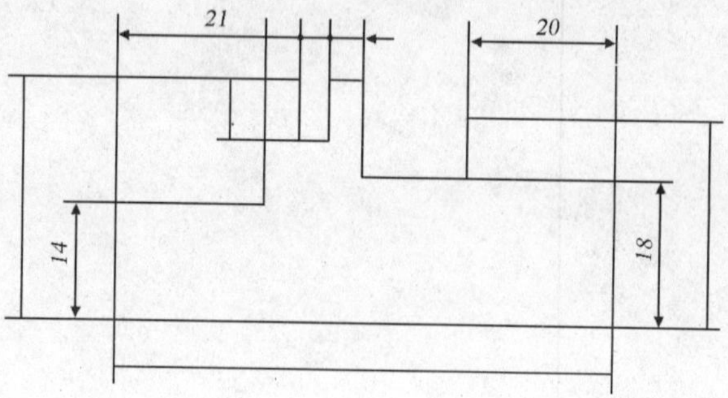

</td>
<td></td>
</tr>
</table>

班级　　　　姓名　　　　学号

第2章　几何作图

2.1　等分线段及圆周。

1. 已知直线 AB = 48mm，试分别用平行线法和试分法将其划分为四等份。	2. 已知圆的直径 D = 40mm，画出其内接正六边形。	3. 已知圆的直径 D = 50mm，画出其内接五边形。

班级　　　　姓名　　　　学号

2.2　圆弧连接练习题(按各分题中小图所给的尺寸完成各个图形)。

1.

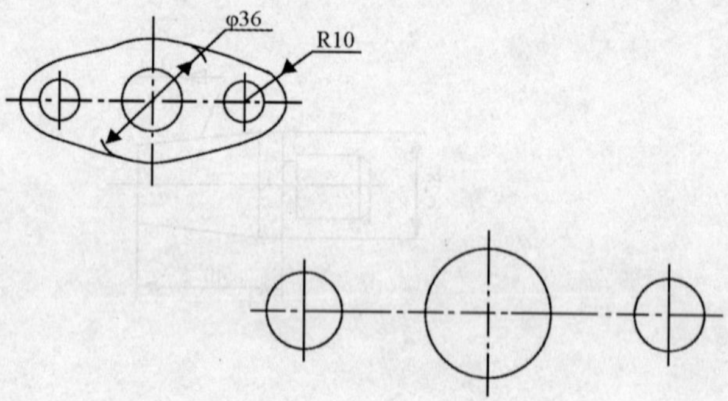

2.

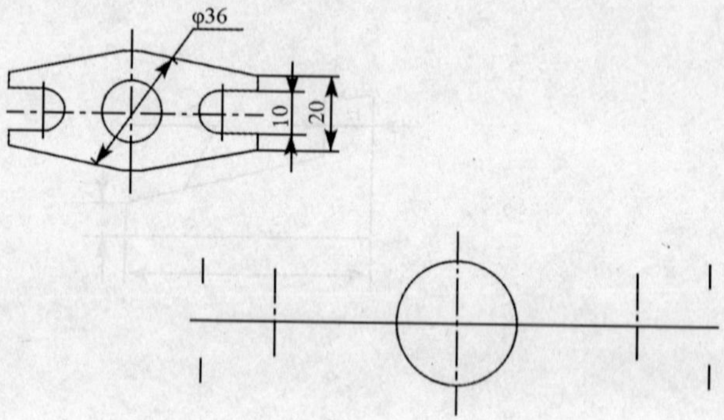

3.

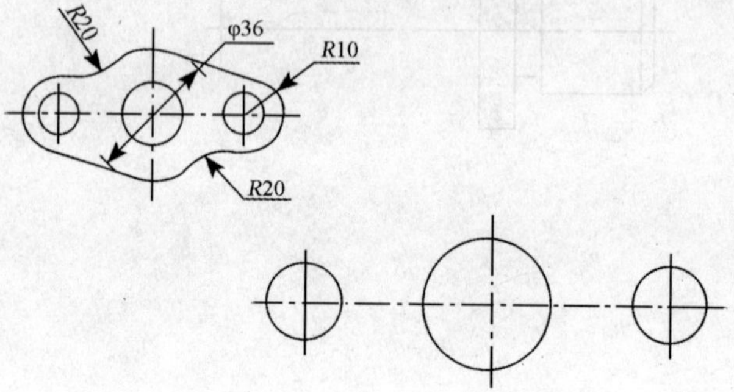

4.

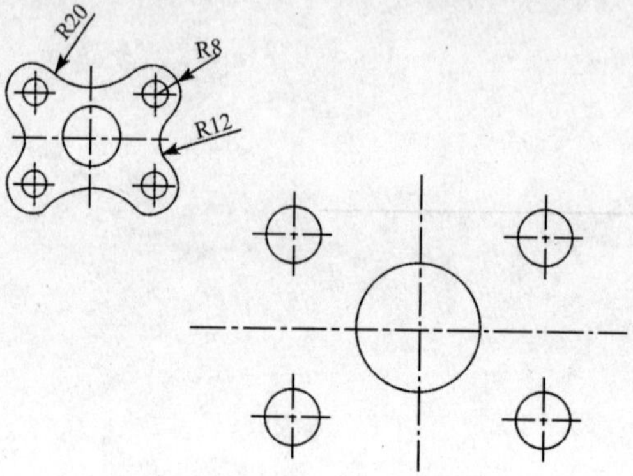

班级　　　　　　　　姓名　　　　　　　　学号

2.3 斜度和锥度练习。

(1)参照右上角所示图形,在下图中按 1 ∶ 1 比例画全图形轮廓,并标注斜度代号。

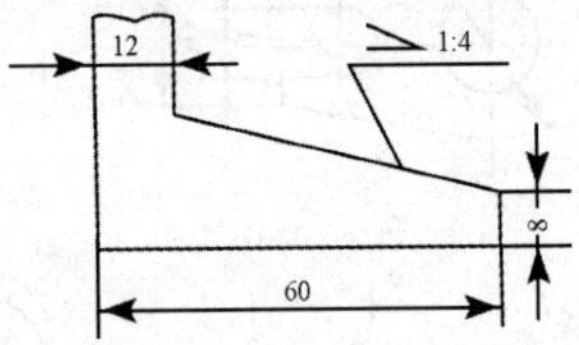

(2)参照右上角所示图形,在下图中按 1 ∶ 1 比例画全图形轮廓,并标注锥度代号。

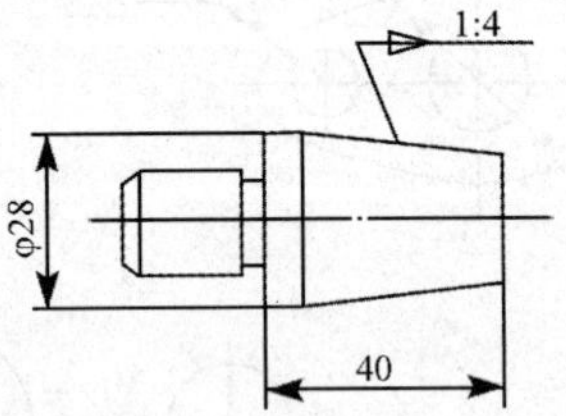

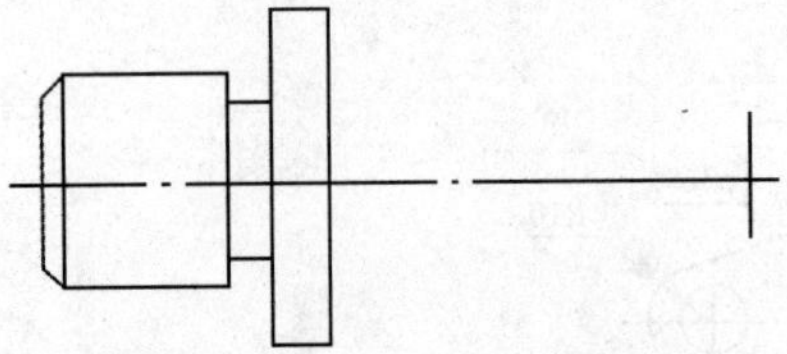

班级　　　　　　　　姓名　　　　　　　　学号

2.4 平面图形大作业。

作业指导

1. 作业目的：

掌握圆弧连接的作图方法，学习对平面图形的尺寸分析，熟悉 GB/T4458.4－2003《机械制图－尺寸注法》和 GB/T16675.2－1996《技术制图简化表示法》中尺寸注法的有关规定。

2. 内容与要求：

按给定尺寸，用1∶1的比例在 A4 幅面上画出下面(图 I 或图 II)所示的图形，并标注尺寸。

3. 注意事项：

(1)用 A4 幅面图纸一张，横放(图 I)或竖放(图 II)，画图框和标题栏。

(2)作图方法、步骤见教材。(3)填写标题栏。

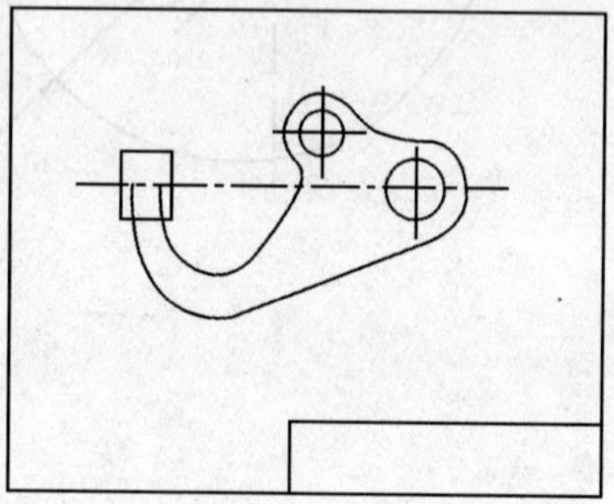

图 I

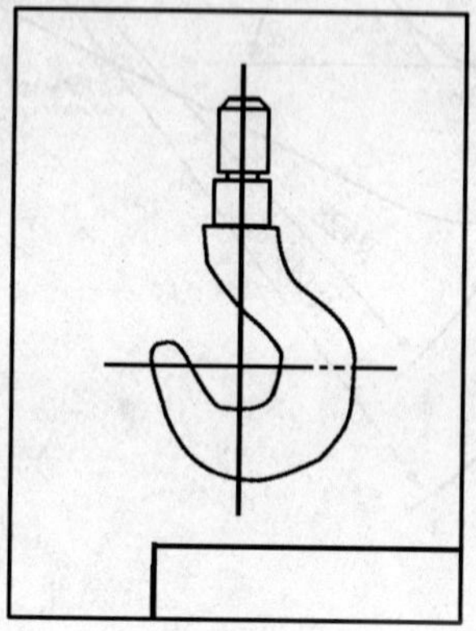

图 II

班级　　　　　　　　姓名　　　　　　　　学号

2.5 平面图形大作业(附页)。

1.

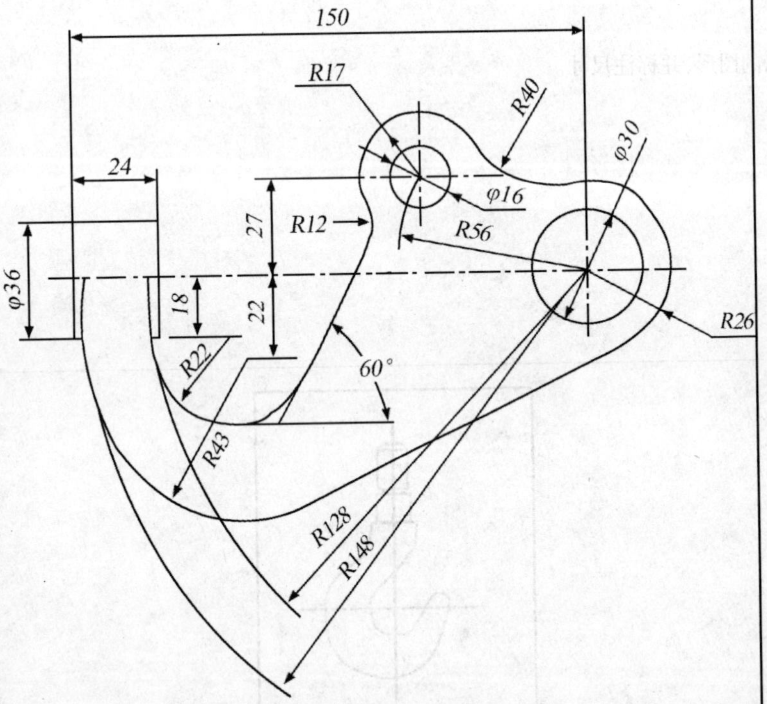

2.

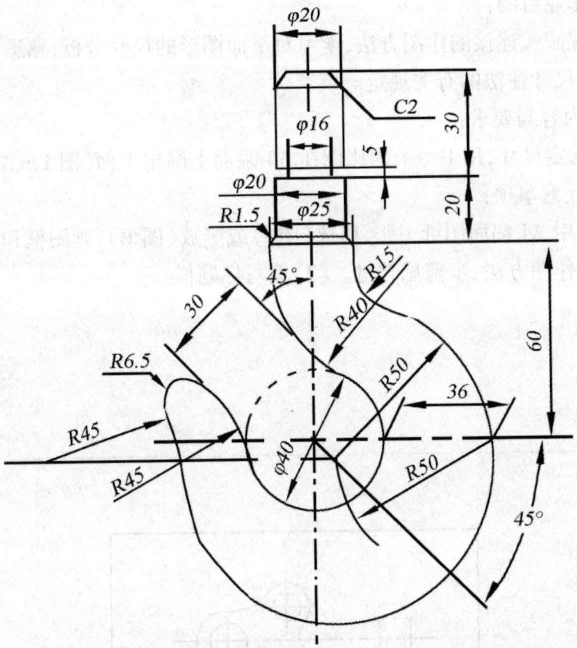

班级　　　　姓名　　　　学号

3.1 根据立体的轴测图及其在三面投影体系中所处的位置，画出它的三视图，并回答问题。

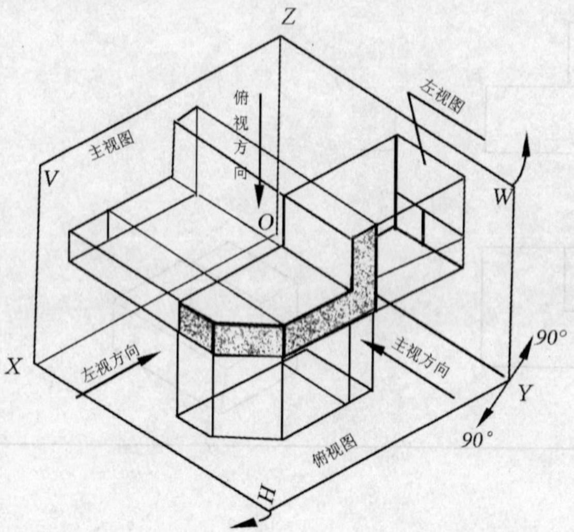

写出视图间的三等关系

主、俯视图____________

主、左视图____________

俯、左视图____________

视图反映物体的方位关系

主视图反映物体的______和______；

左视图反映物体的______和______；

俯视图反映物体的______和______。

俯左视图远离主视图的一边，表示物体的______面；

靠近主视图的一边，表示物体的______面。

班级　　　　姓名　　　　学号

3.2 根据轴测图，补画所缺视图。

1.

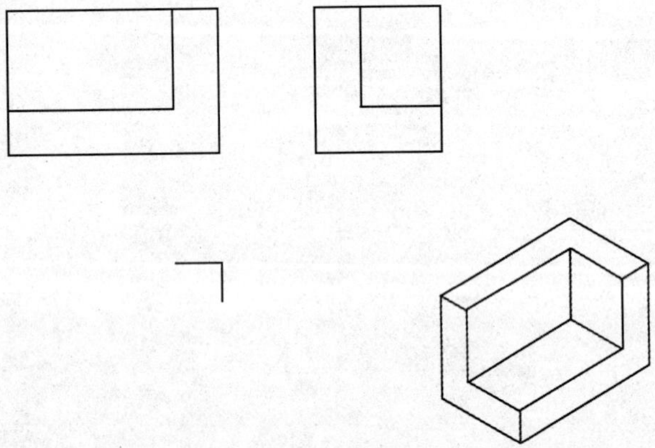

2.

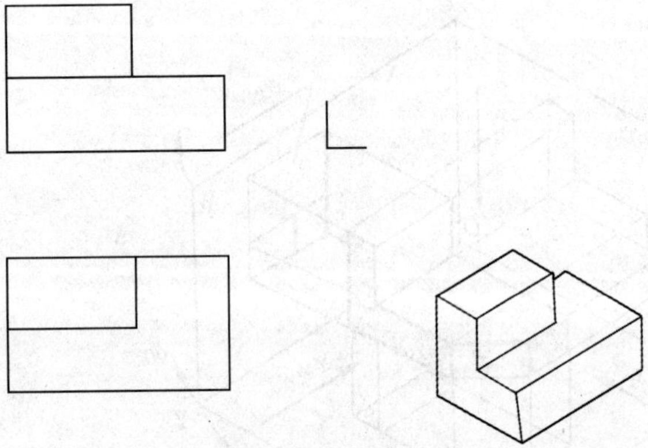

3.

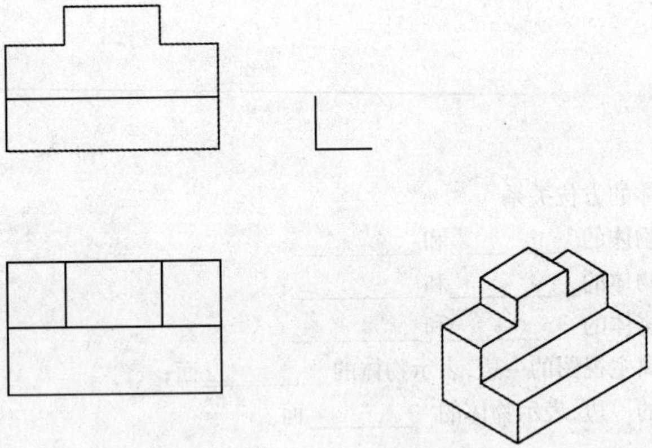

4.

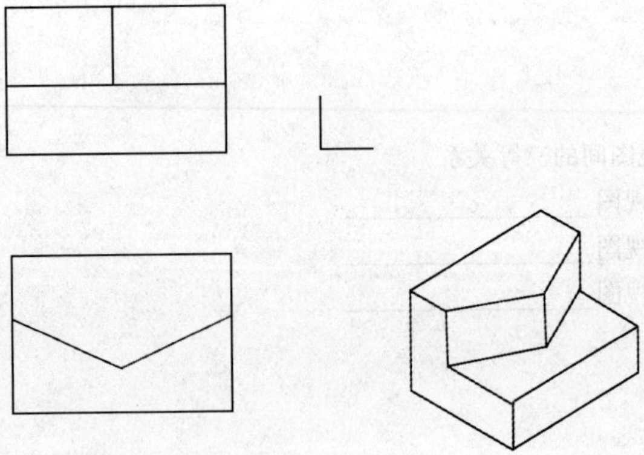

班级 姓名 学号

3.3　根据轴测图，补画所缺视图。

1.

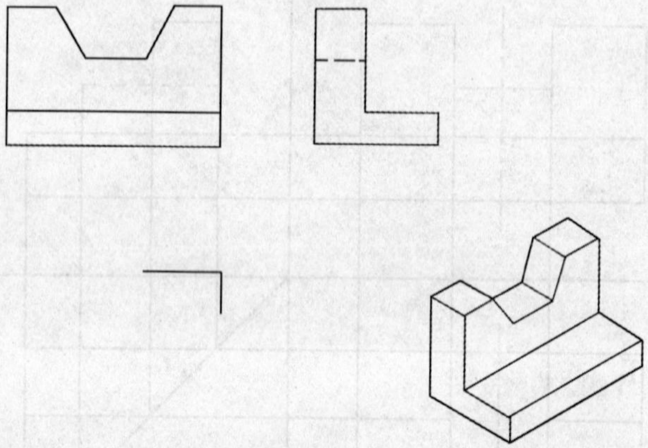

2.

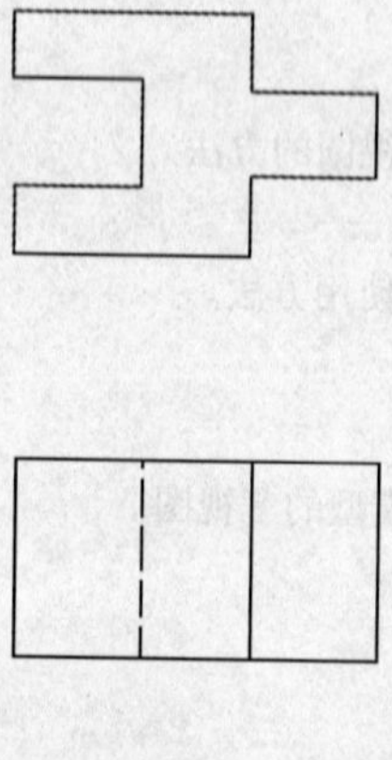

3.

4.

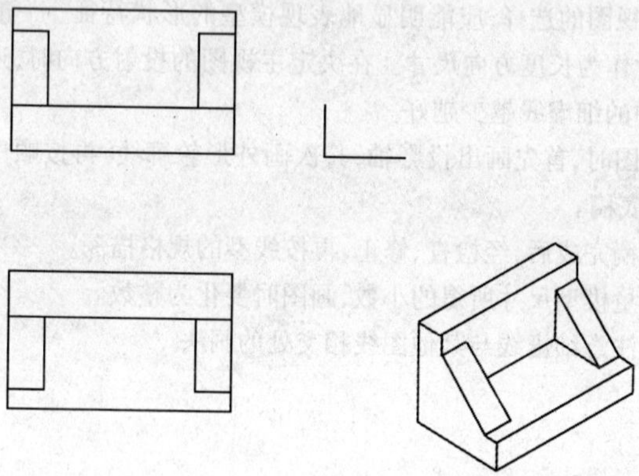

班级　　　　　　　　　姓名　　　　　　　　　学号

3.4 **根据轴测图画三视图大作业。**

作业指导

1. 作业目的：

(1)初步掌握根据轴测图或模型绘制三视图的方法。

(2)掌握三视图之间的对应关系。

(3)进一步掌握绘图仪器和绘图工具的使用方法。

2. 内容与要求：

(1)根据轴测图或模型绘制三视图。

(2)用 A3 图纸，横放，每张图纸画 6 个模型的三视图。

(3)画出投影轴和全部的投影连线。

(4)绘图比例自定。

3. 注意事项：

(1)布图时，三个视图之间的距离应适当，六组三视图的总体布局也应协调匀称. 三视图应按规定的位置配置，且符合“长对正、高平齐、宽相等”的“三等”关系。

(2)主视图的选择，应能明显地表现模型的形状特征。一般常以模型的最大尺寸作为长度方向尺寸。在决定主视图的投射方向时，还应考虑到各个视图中的细虚线越少越好。

(3)作图时，首先画出投影轴，其次画外形轮廓线，再按顺序画内部轮廓线，完成底稿。

(4)底稿完成后，经检查、修正，再按线型的规格描深。

(5)度量模型尺寸所得的小数，画图时要化为整数。

(6)应注意细虚线与其他图线相交处的画法。

例图

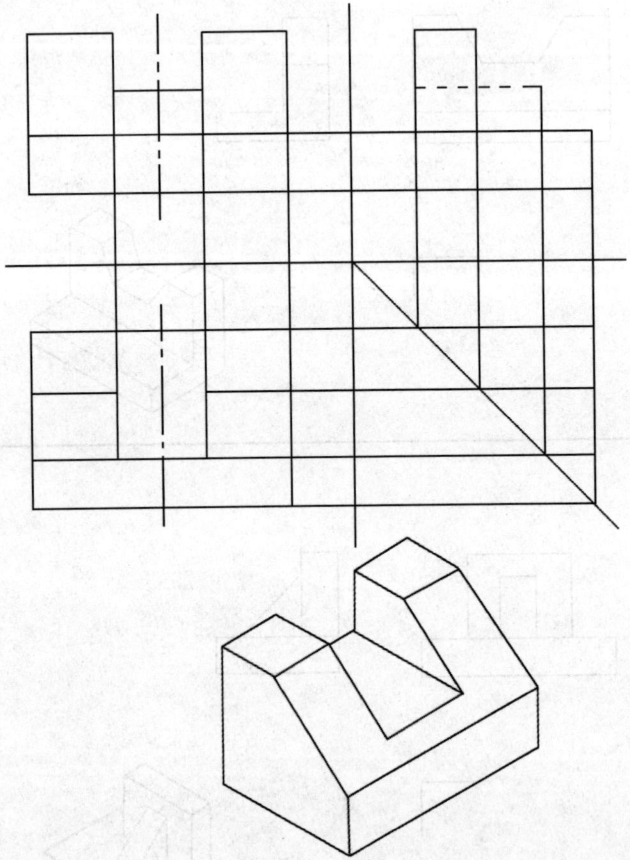

班级　　　　姓名　　　　学号

3.5 根据模型和轴测图画三视图的作业题。

1.

2.

3.

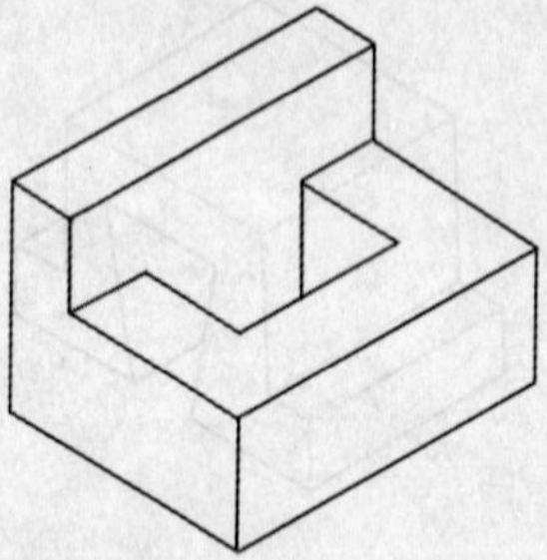

4.

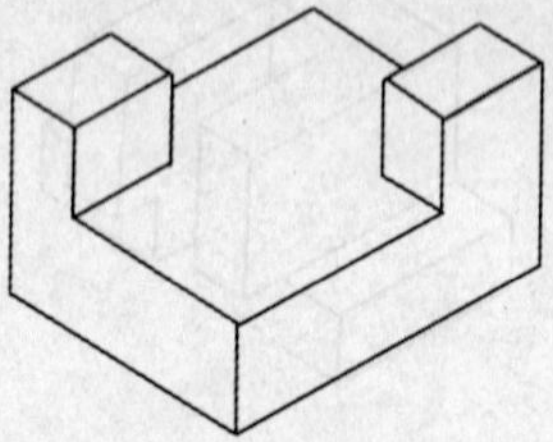

5.

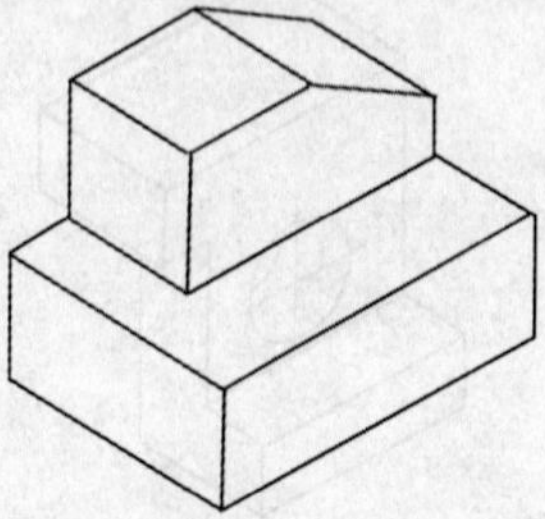

6.

7.

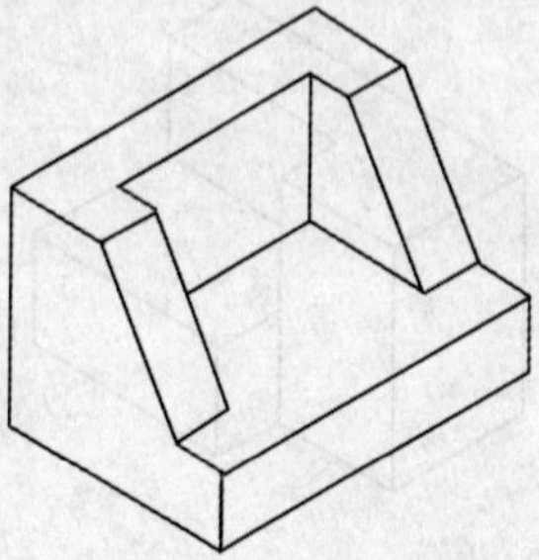

8.

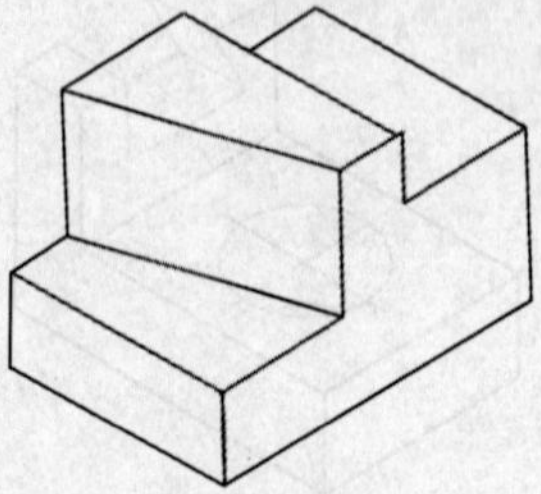

9.

10.

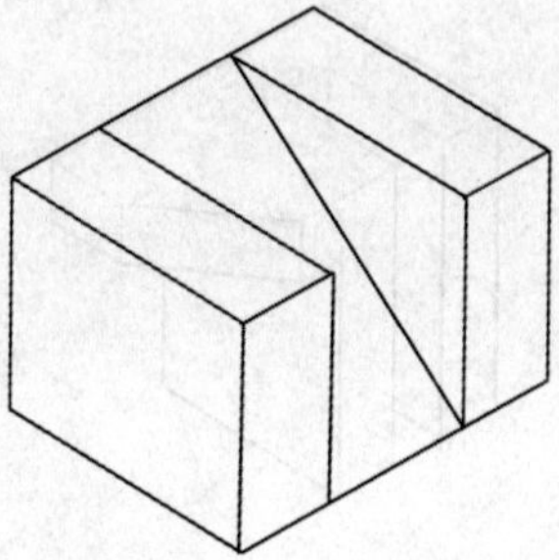

11.

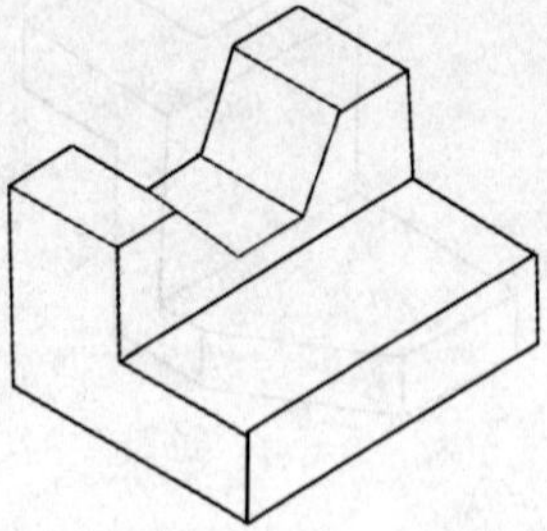

12.

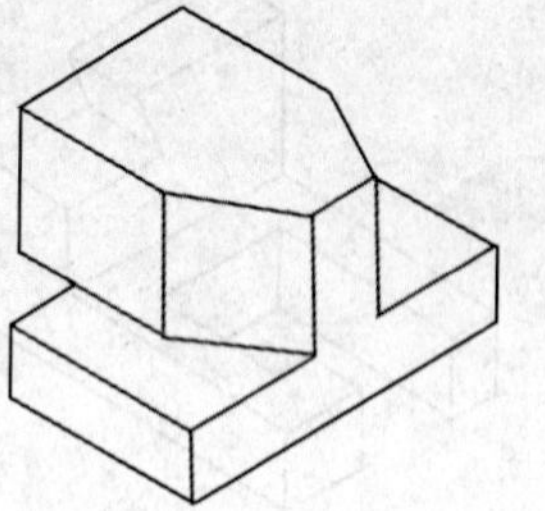

班级　　　　　　姓名　　　　　　学号

13.

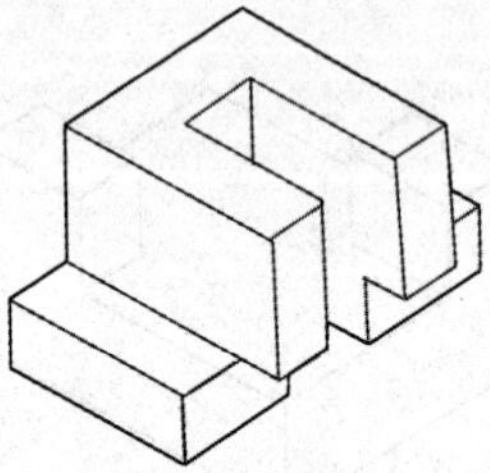

14.

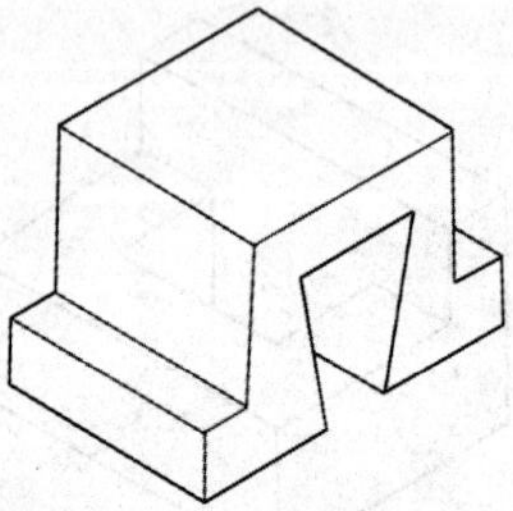

15.

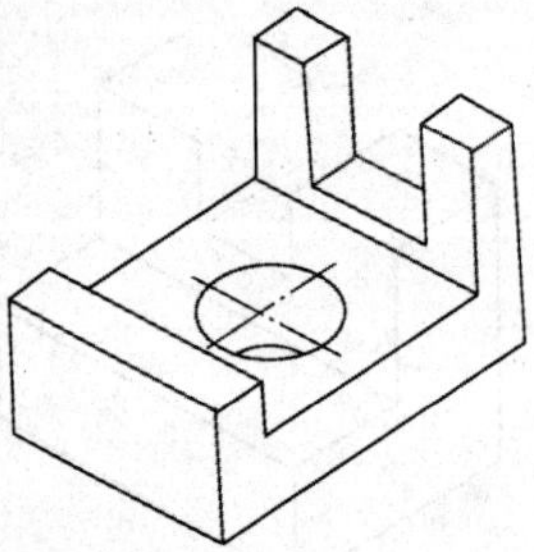

16.

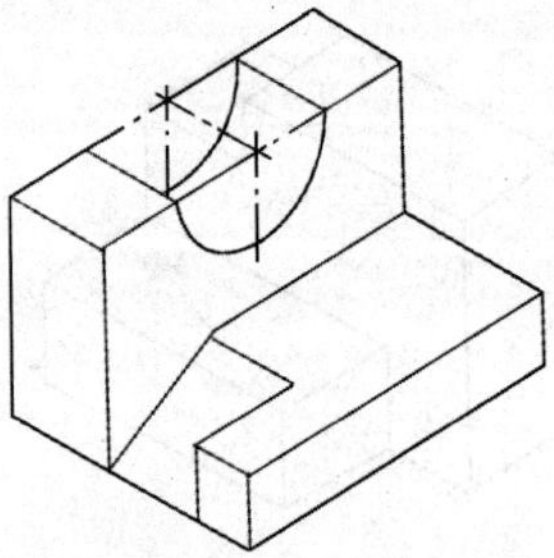

17.

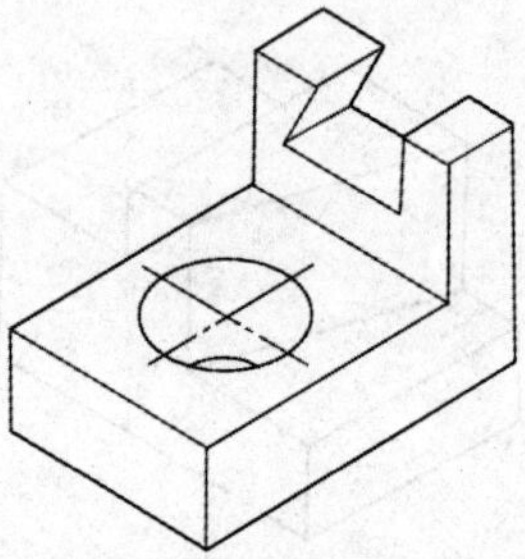

18.

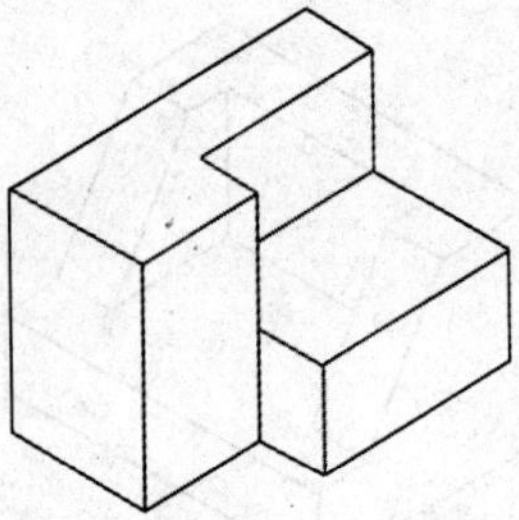

19.

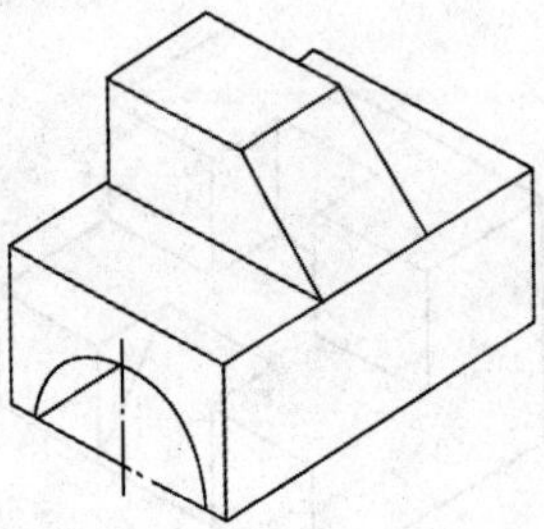

20.

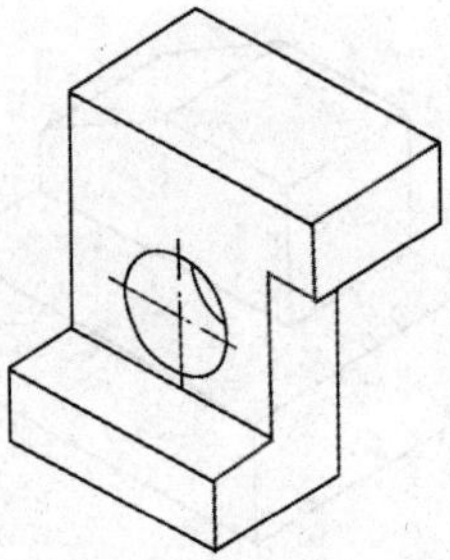

21.

22.

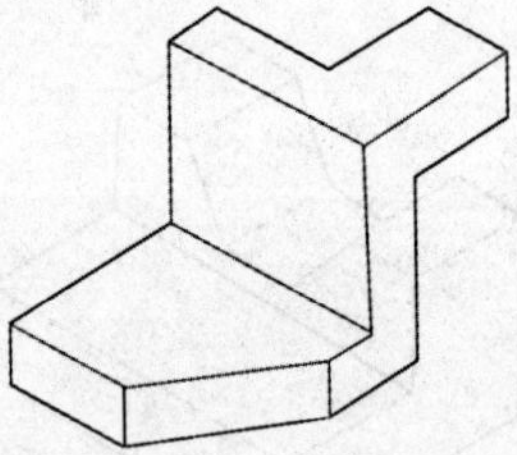

23.

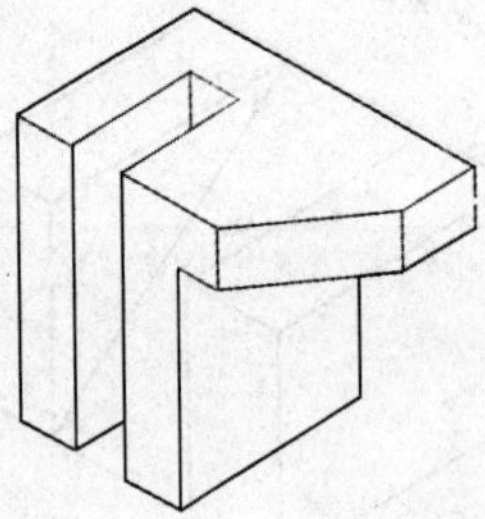

24.

班级　　　　姓名　　　　学号

1. 已知 A 点的空间位置(可从直观图中量取坐标值),求作 A 点的三面投影图,并写出它的坐标值。

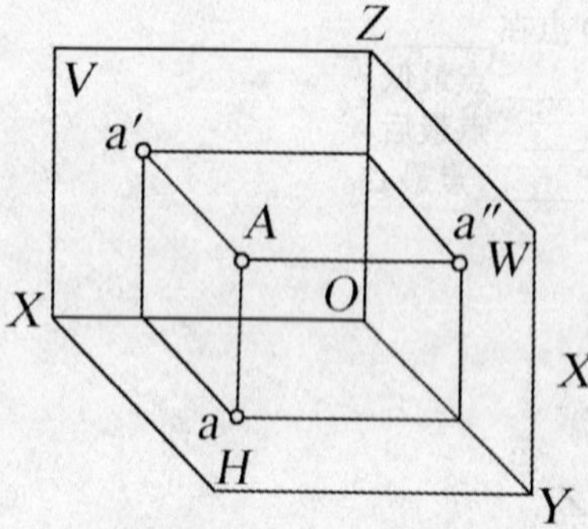

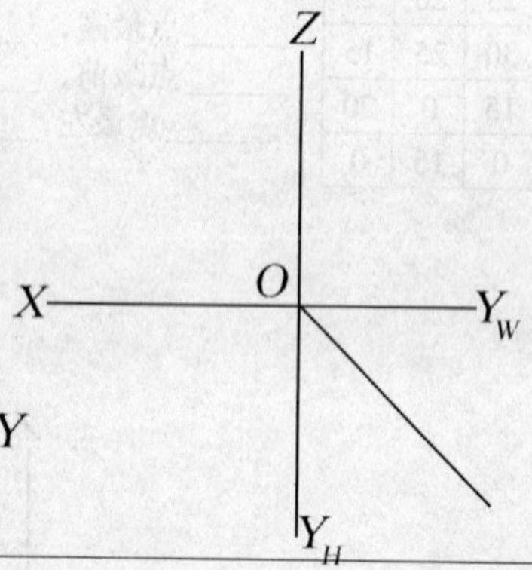

A (　　　　)

2. 已知 B 点的三面投影图,试画 B 点的空间位置直观图,并说明 B 点到投影面的距离。

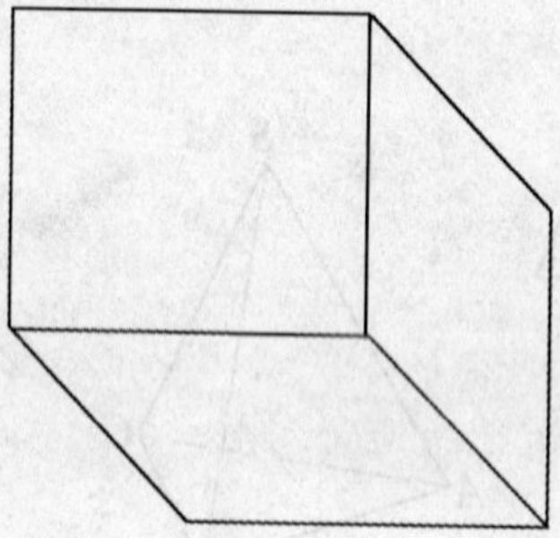

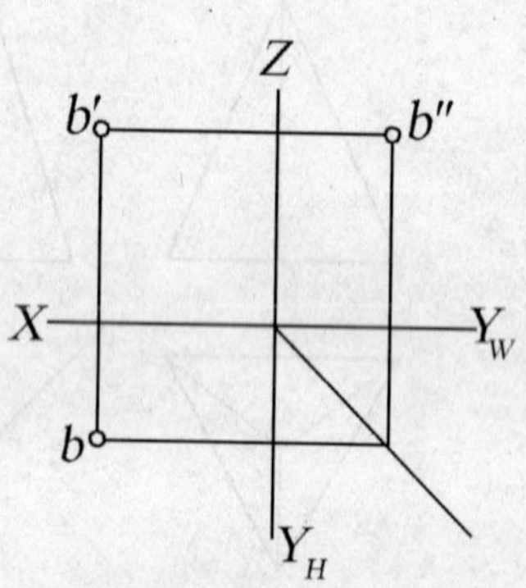

B 点距 H 面______,B 点距 V 面______,B 点距 W 面______。

3. 已知 A 点在 B 点左方 5mm,下方 16mm,前方 10mm;另有一 D 点在 C 点正前方 10mm,试作 A 和 D 点的三面投影。

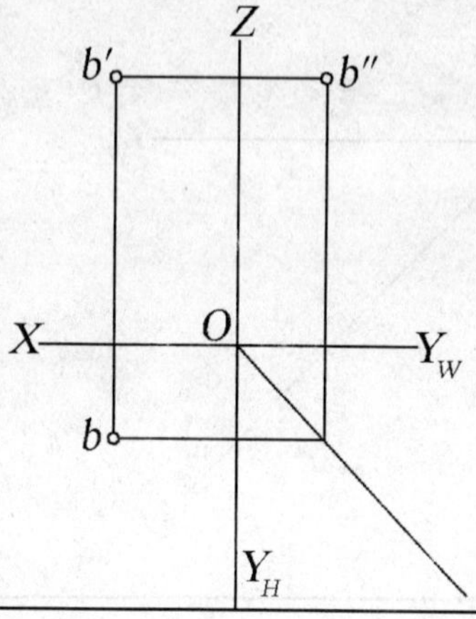

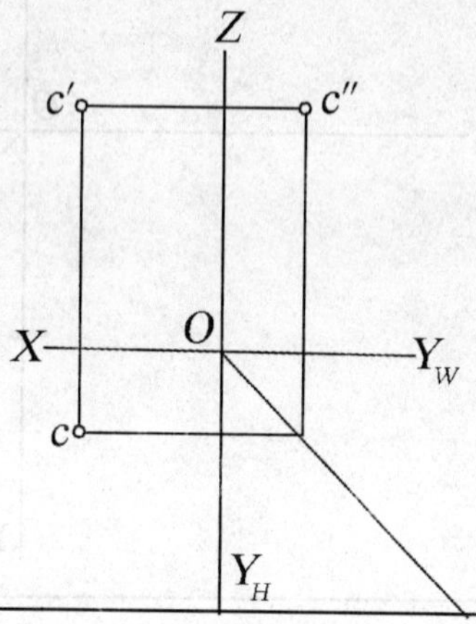

4. 已知各点的两个投影,试画出其第三投影。

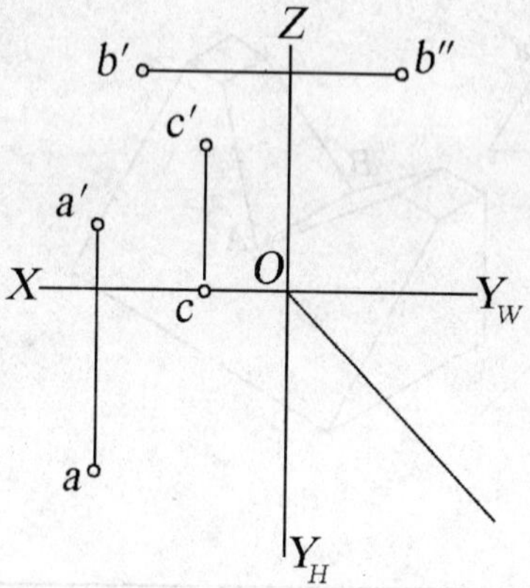

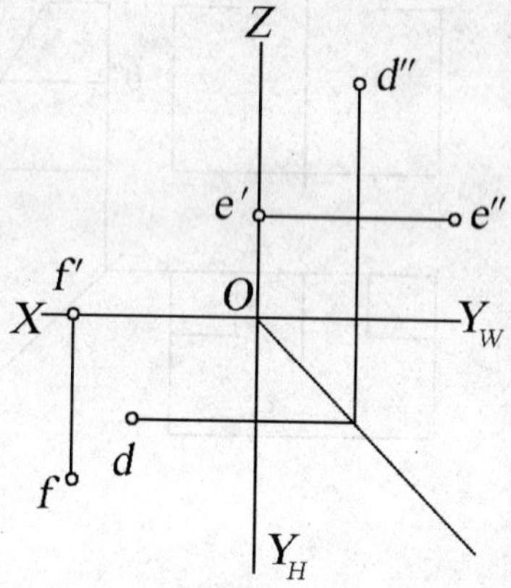

班级　　　　　　　　　　姓名　　　　　　　　　　学号

5. 在三视图中用相应的字母标出轴测图上 A、B、C、S 各点的三面投影，并画出投影连线。

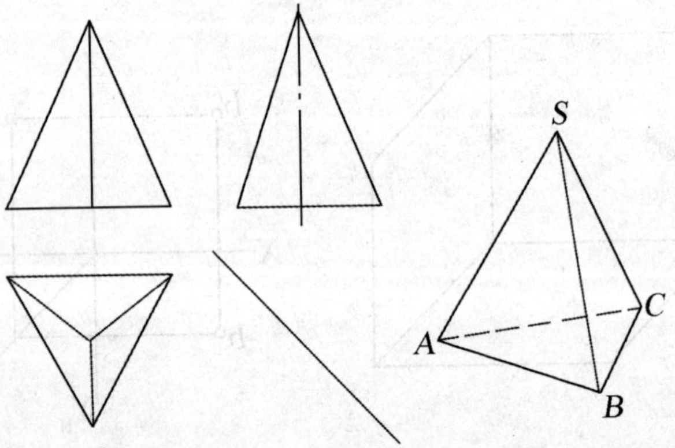

6. 补出图中所缺的图线并用字母标注。

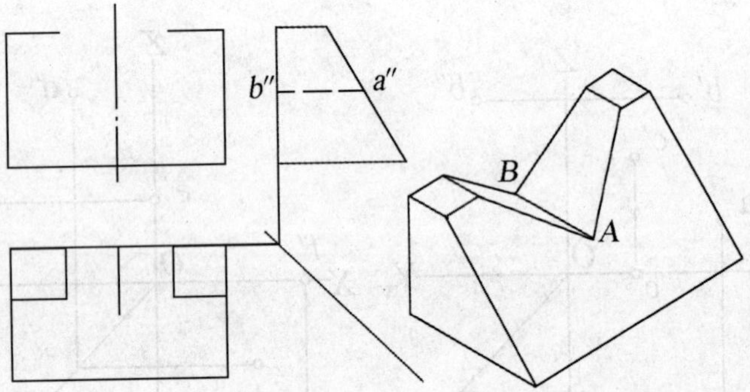

7. 根据点的坐标作点的三面投影图，并说明和比较其空间位置。

	X	Y	Z
A	25	20	25
B	30	25	15
C	15	0	20
D	0	15	0

A 点在(空间)，B 点在______；
C 点在______，D 点在______；
______点最高，______点最低；
______点最前，______点最后；
______点最左，______点最右。

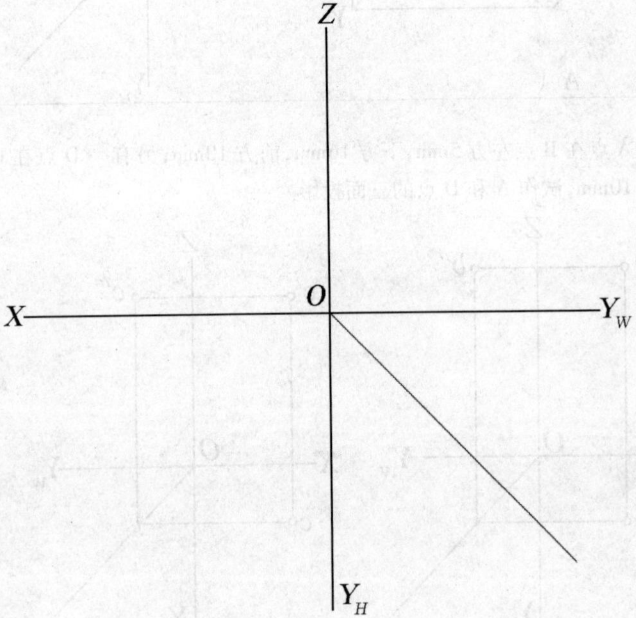

班级　　　　姓名　　　　学号

8. 已知线段两端点 A(20,12,6)和 B(5,5,20),求作 AB 线段的三面投影和直观图(直观图中只画出 AB 和 ab)。

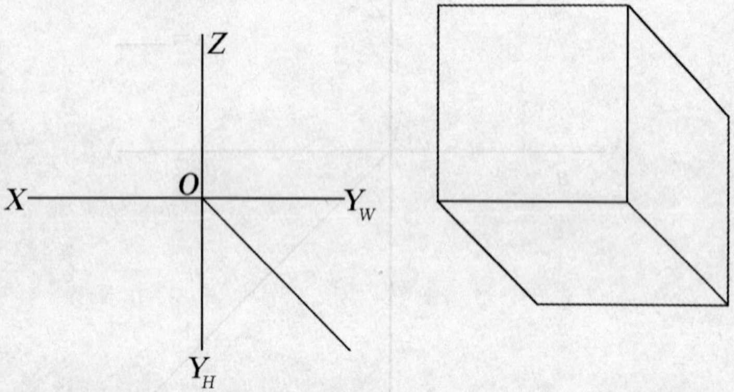

9. 已知线段 AB 的端点 A 在 H 面上方 5,W 面左方 20,且 A 点位于 V 面上;端点 B 在 A 点右面 12,前面 10,比 A 点高 15,作 AB 的三面投影和直观图。

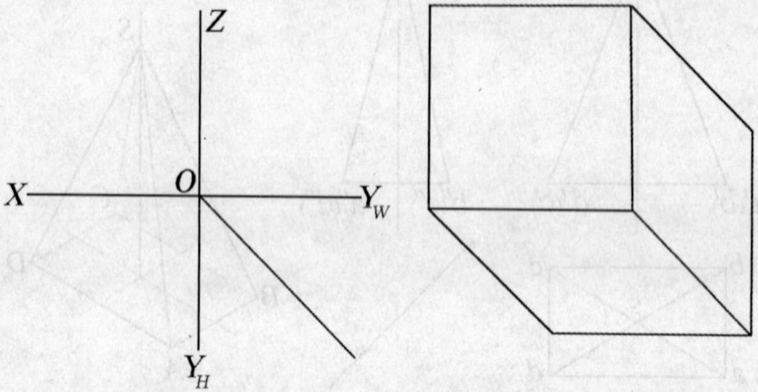

10. 判别下列各直线的位置,称什么线?对投影面倾角各多少度?并在反映实长的投影旁写出“实长”两字。

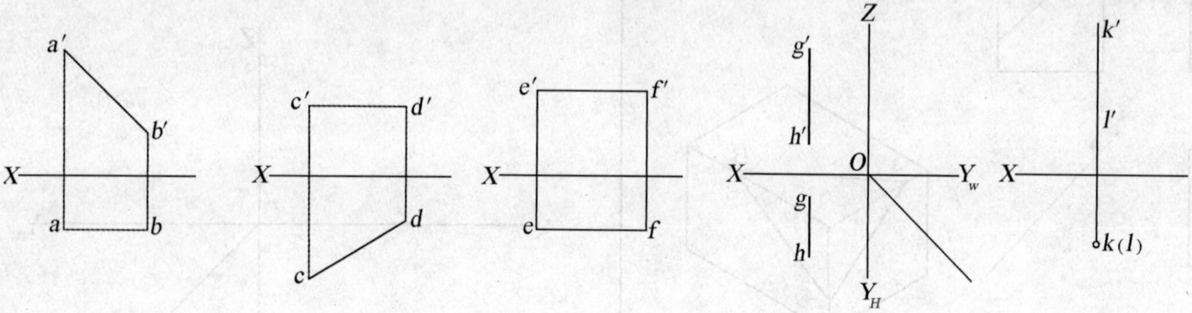

α =
____线 β =
γ =

α =
____线 β =
γ =

α =
____线 β =
γ =

α =
____线 β =
γ =

α =
____线 β =
γ =

班级　　　　　　姓名　　　　　　学号

11. 识别下列形体上指定的棱线的种类。

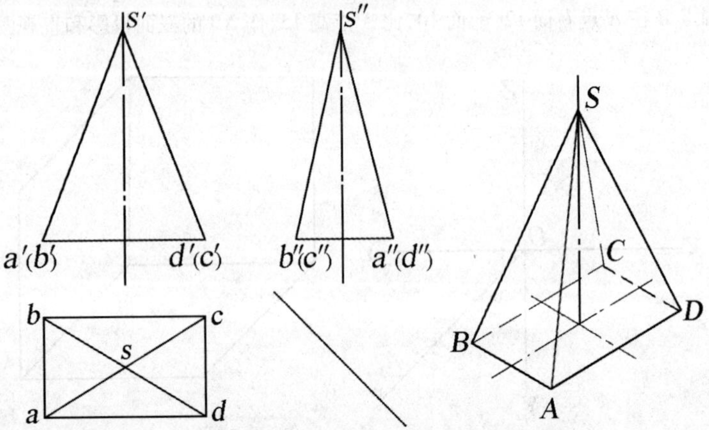

SA 是________线，AB 是________线，AD 是________

12. 作水平线 AB 的三面投影，写出 α、γ 各等于多少？已知：AB 长 25，在 H 面上方 18，β = 60°，点 B 在 A 点的右前方。

α =____

γ =____

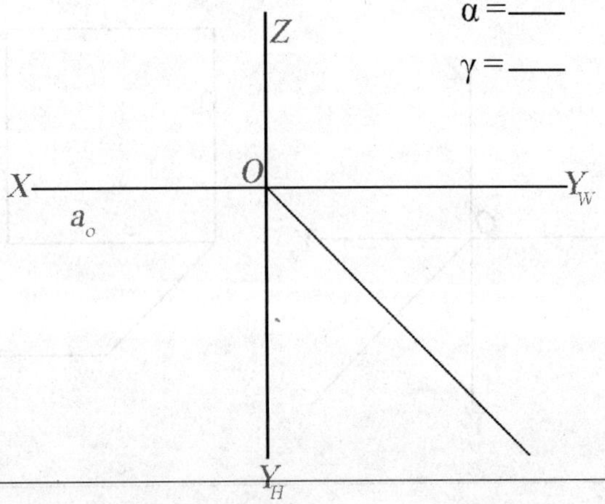

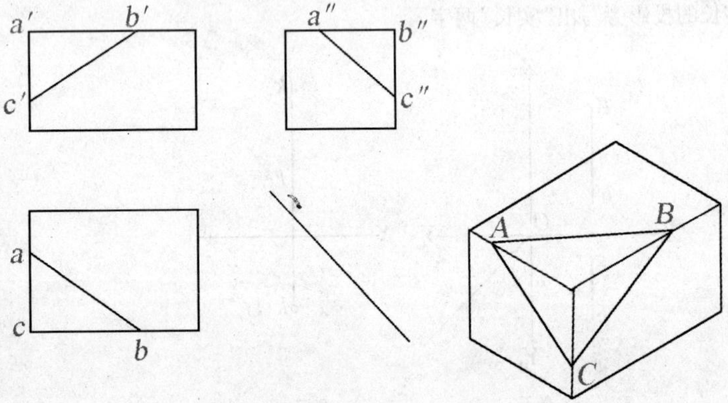

AB 是______线，　BC 是______线，　AC 是______线。

13. 作侧垂线 AB 的投影，已知 AB 长 30，B 点在 W 面上。

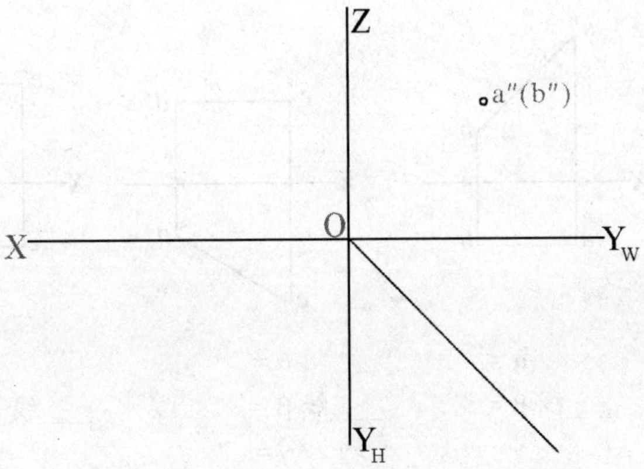

班级　　　　　　　　姓名　　　　　　　　学号

14. 在三视图中用字母标出轴测图中指明的各表面的三个投影，并说明是什么位置的面。

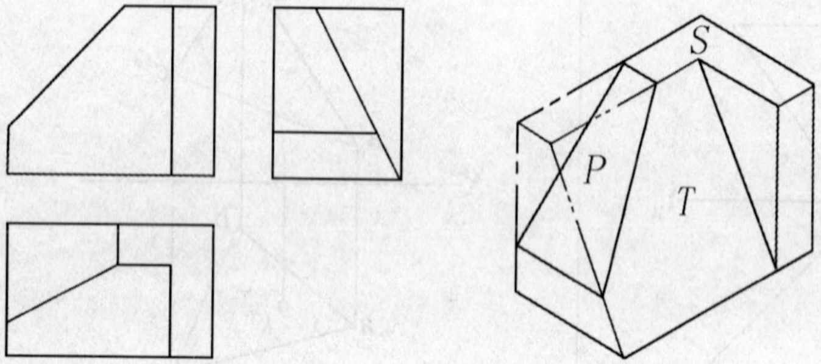

S 面是______面；T 面是______面；P 面是______面。

15.（同前题）

P 面是______面；S 面是______面；T 面是______面。

16.（同前题）

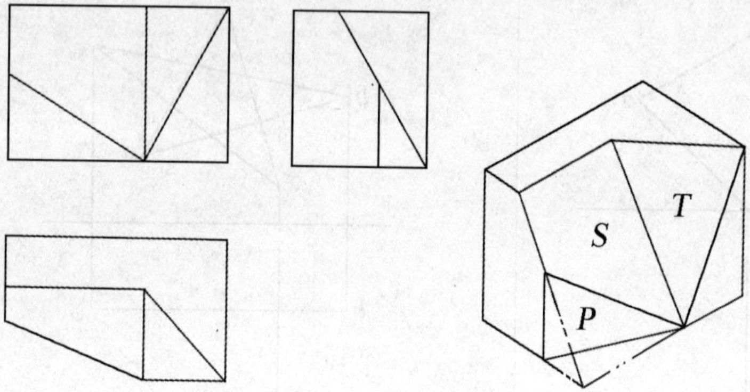

P 面是______面；S 面是______面；T 面是______面。

17. 判断点 I、II、III 是否属于平面 ABC。

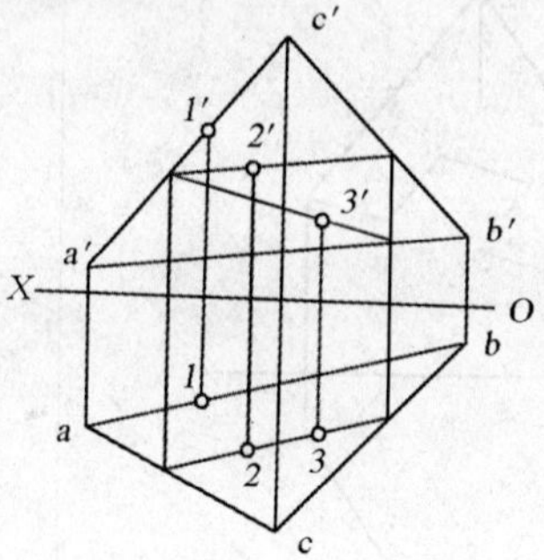

I（属于、不属于）

II（属于、不属于）

III（属于、不属于）

班级　　　　　　姓名　　　　　　学号

18. 作缺口梯形的水平投影。

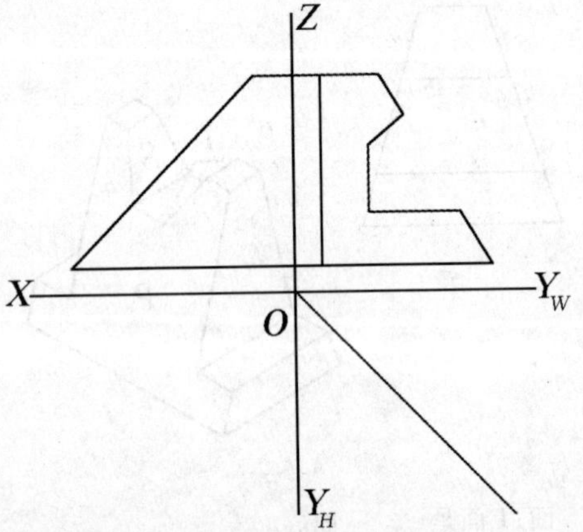

19. 作开孔梯形的水平投影。

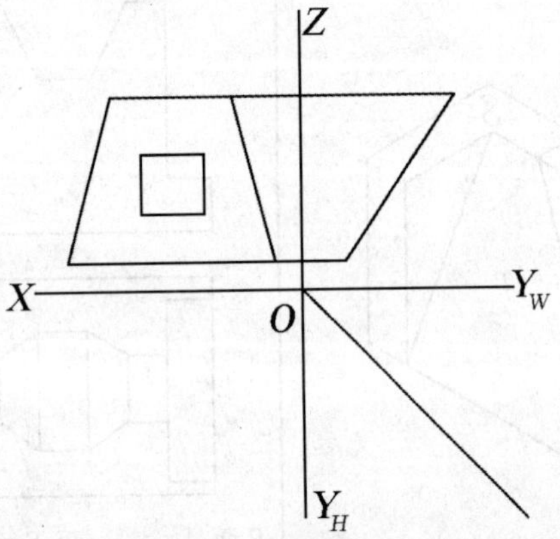

20. 作△ABC 上 K 点的正面投影。

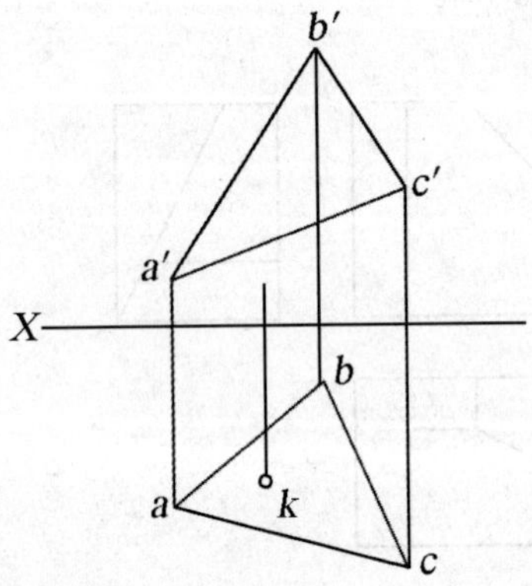

21. 完成缺口三角形的水平投影。

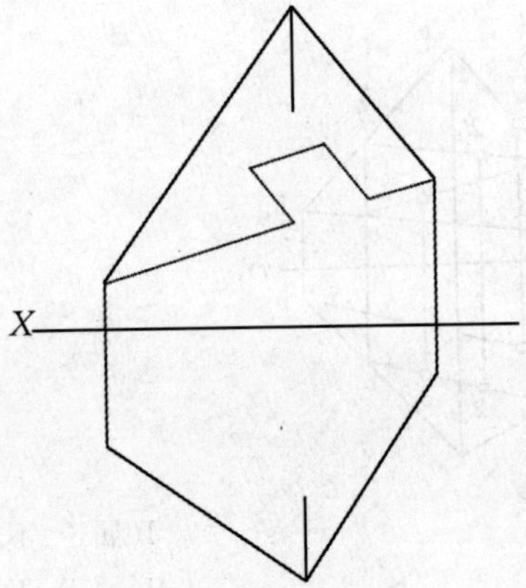

22. 完成四边形的水平投影。

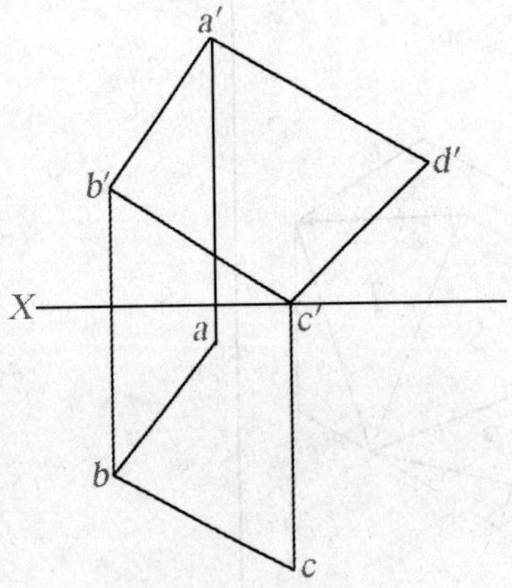

23. 完成五角形的水平投影。

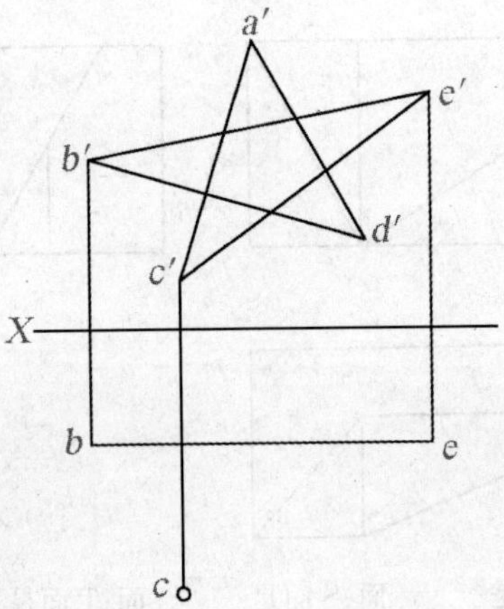

班级　　　　姓名　　　　学号

作业指导

1. 作业目的：

(1)练习点、线、面投影的作图方法。

(2)熟悉点、线、面投影的规律及特征。

(3)了解点、线、面之间的相对位置关系。

(4)掌握点在线、面上，线在面上的作图过程。

2. 内容与要求：

(1)已知线段 AB 是水平线，AB 线段长 20mm，与水平投影面成 45°，B 点在 A 点右侧，试完成 AB 的三面投影。

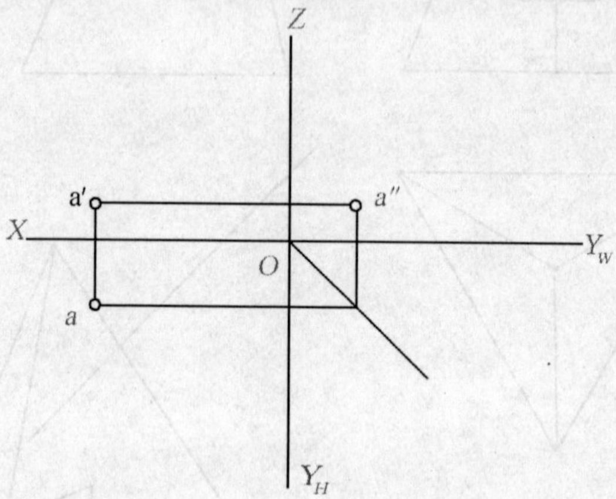

(2)已知直线 MN 在平面 EFG 上，试作出直线的另一投影。

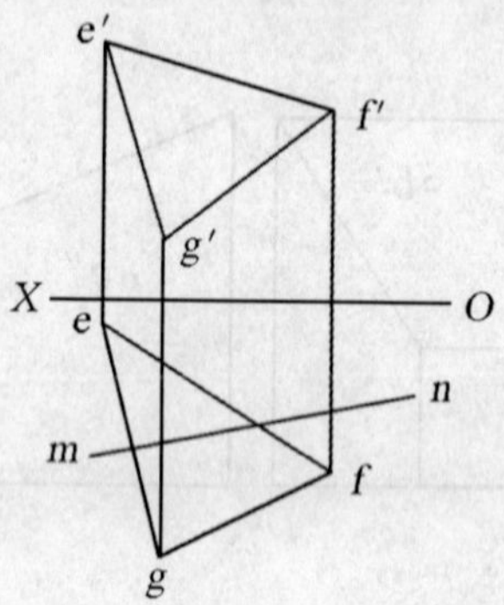

(3)完成平面 ABCDE 的两面投影。

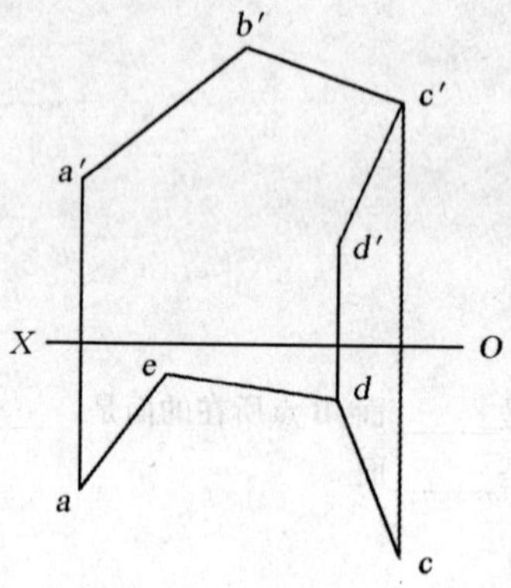

班级　　　　姓名　　　　学号

3.8 点、线、面投影大作业

(4) 根据物体的两面投影，补画第三面投影。并求物体表面上 A、B、C 另外两面的投影。

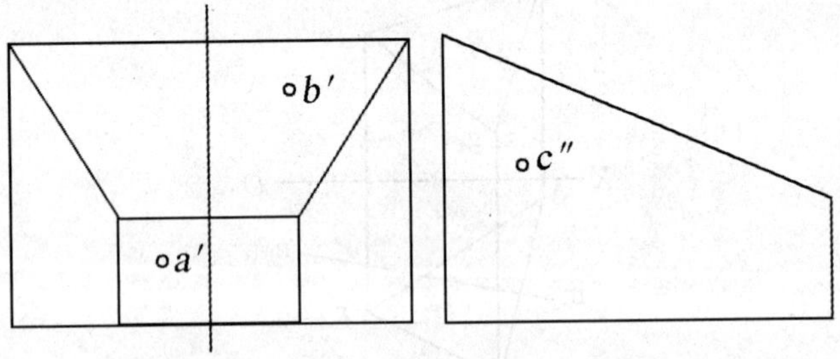

A 点所在的面是______面；B 点所在的面是______面；

C 点所在的面是______面。

(5) 求作三棱锥表面上相邻两个四边形在 H 面和 W 面上的投影。

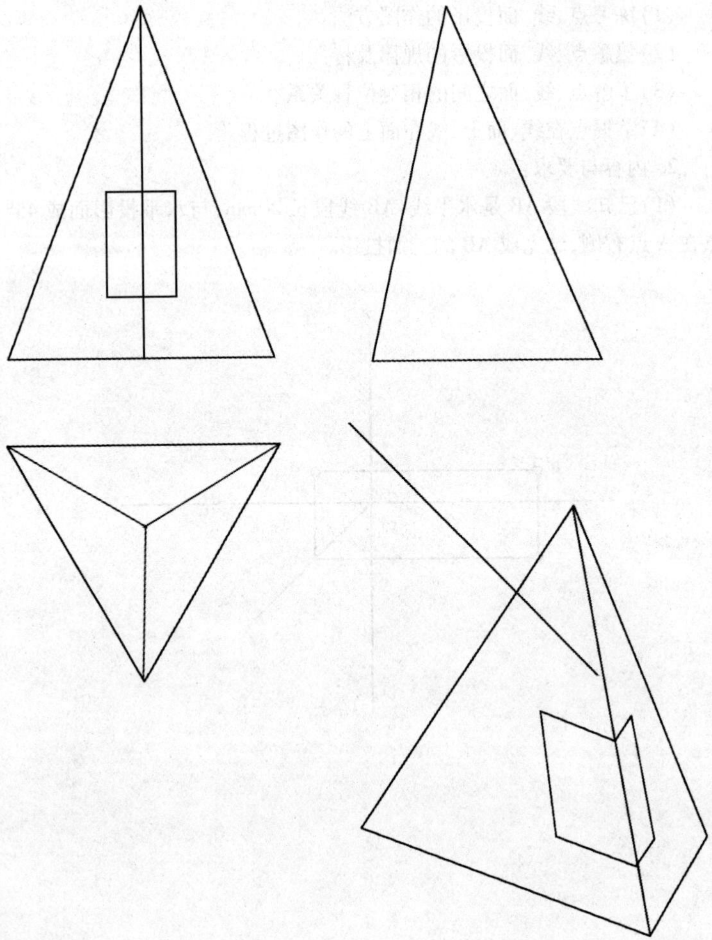

班级　　　　姓名　　　　学号

第 4 章　基本几何体

4.1 完成下列平面体的三视图，并作出表面上点的投影。

1.

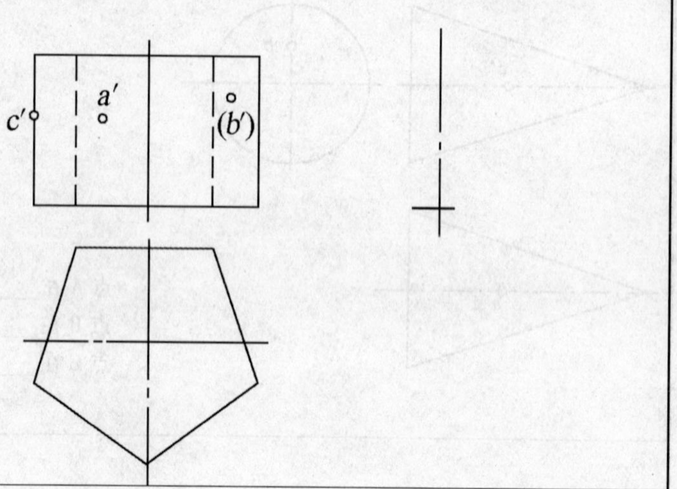

2.

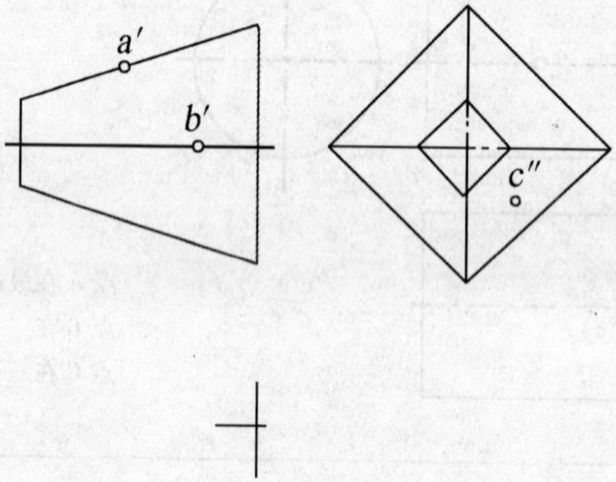

3.

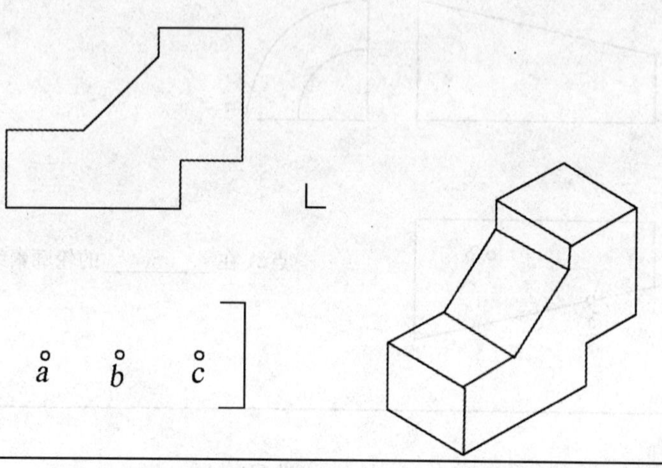

4.

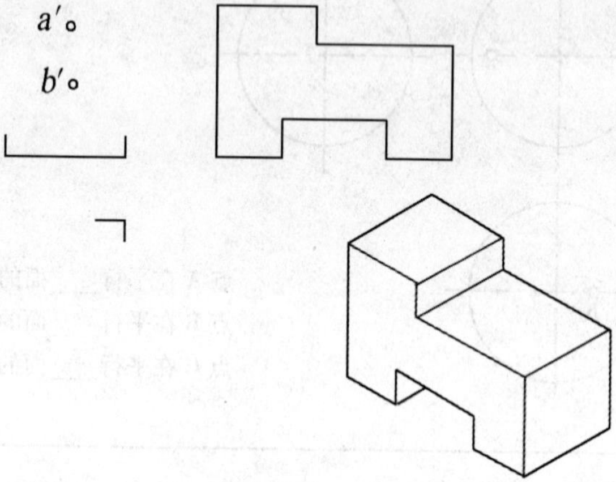

班级　　　　　　　　姓名　　　　　　　　学号

4.2 补全曲面立体表面上点的另两面投影。

1.

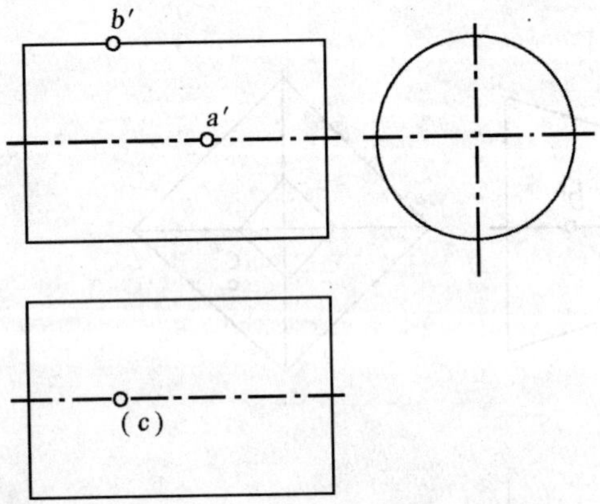

点 A 在最前素线上；
点 B 在____素线上；
点 C 在____素线上。

2.

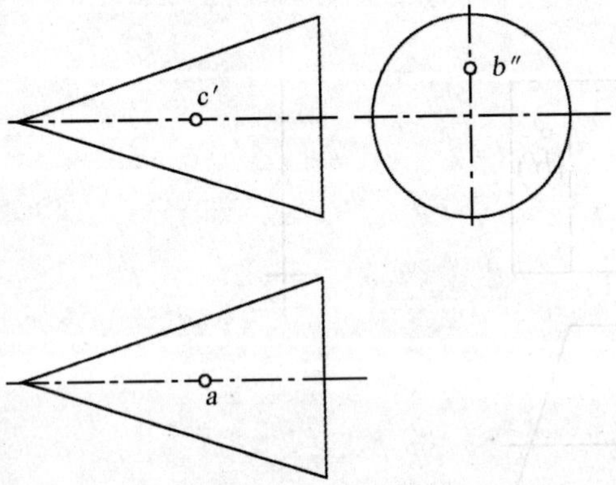

点 A 在____素线上；
点 B 在____素线上；
点 C 在____素线上。

3.

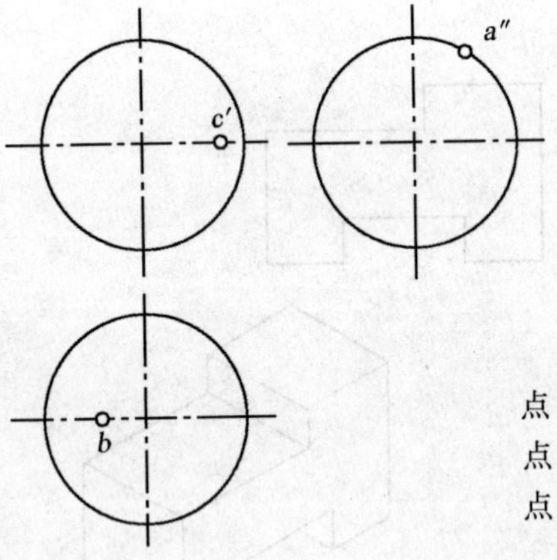

点 A 在平行____面的圆素线上；
点 B 在平行____面的圆素线上；
点 C 在平行____面的圆素线上。

4.

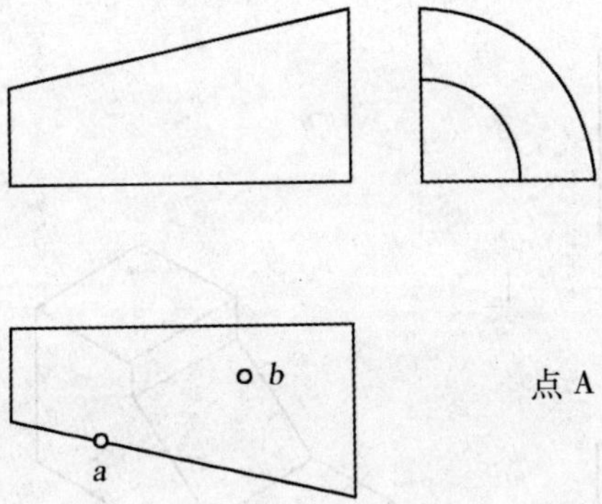

点 A 在__________的轮廓素线上。

班级　　　　姓名　　　　学号

4.3 完成下列回转体(或回转体的一部分)的另外两面投影。

1. 四分之一圆柱(宽度方向 20mm)

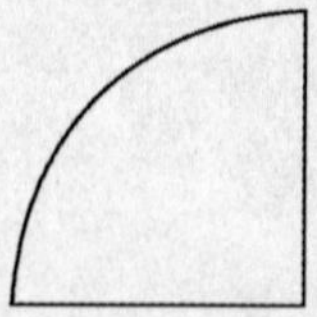

2. 四分之一圆台(宽度方向 20mm)

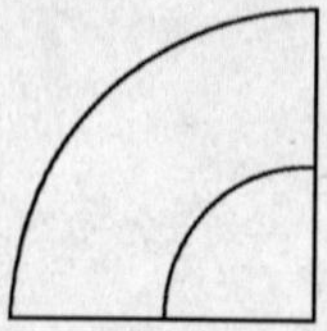

3. 四分之一圆球

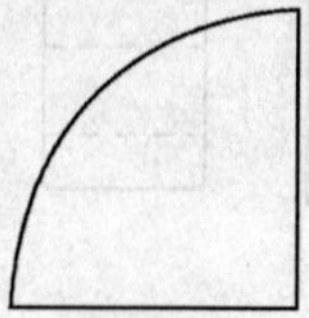

4. 同轴圆锥,圆柱和圆台的相接

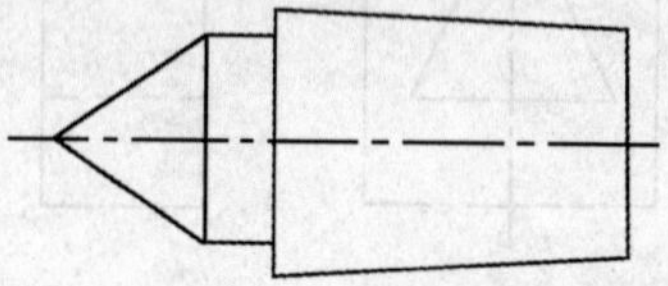

班级　　　　　　　　姓名　　　　　　　　学号

4.4 已知棱柱体的两视图，补画出第三视图。

1.

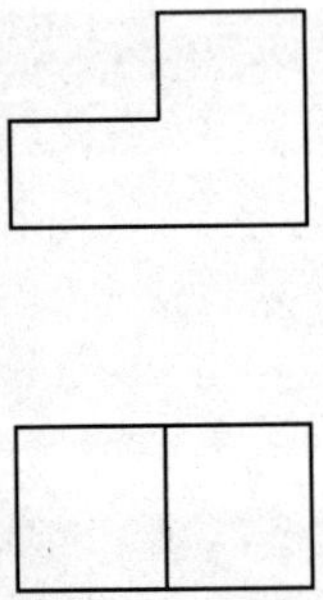

2.

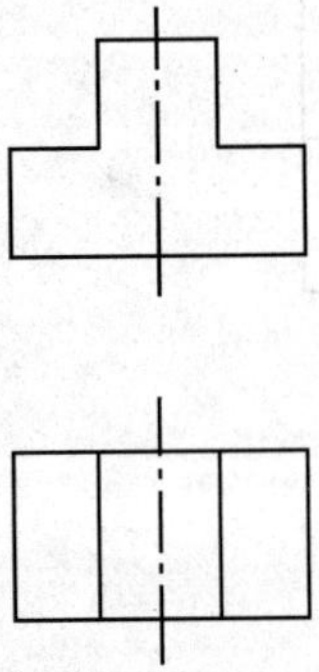

3.

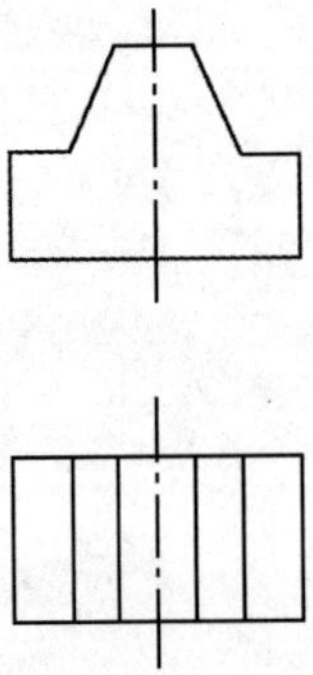

4.

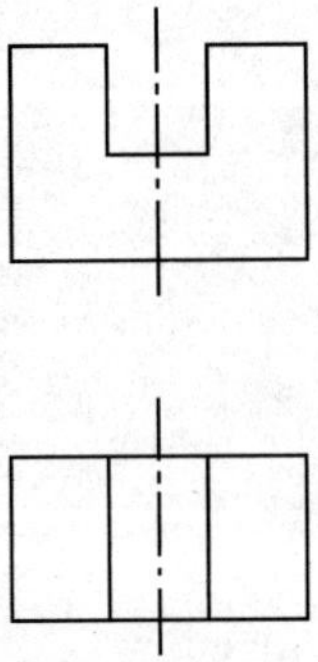

5.

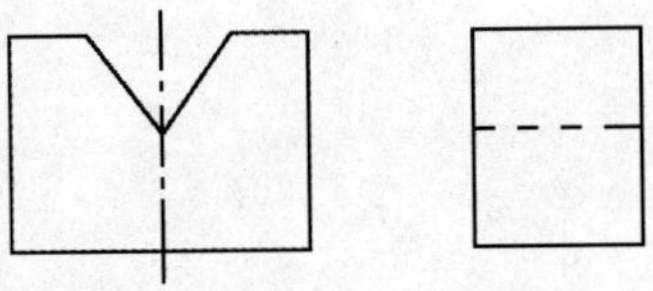

6.

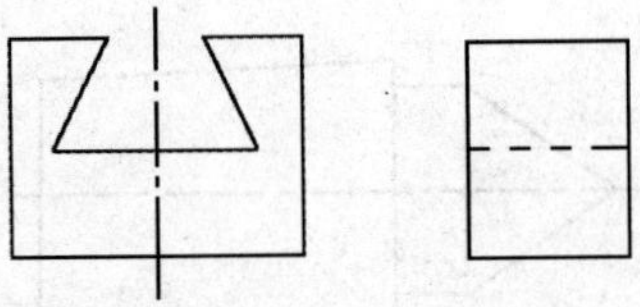

7.

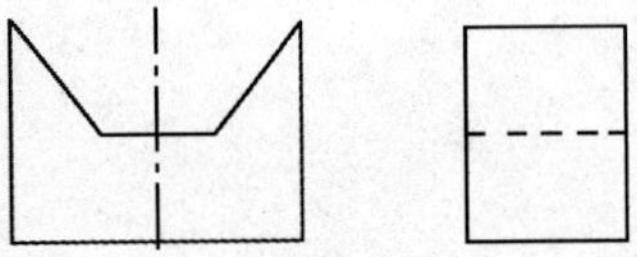

8.

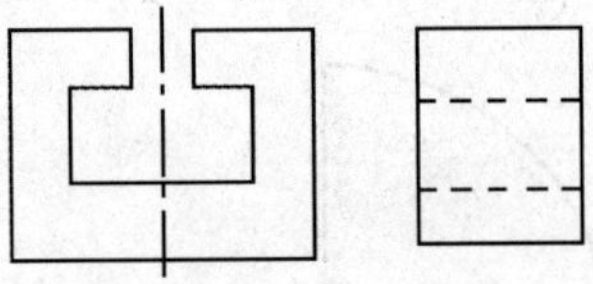

班级 姓名 学号

4.5 已知七组视图，俯视图形状一样，主视图不同，找出相应的左视图，并把序号填入表中。

主、俯视图序号

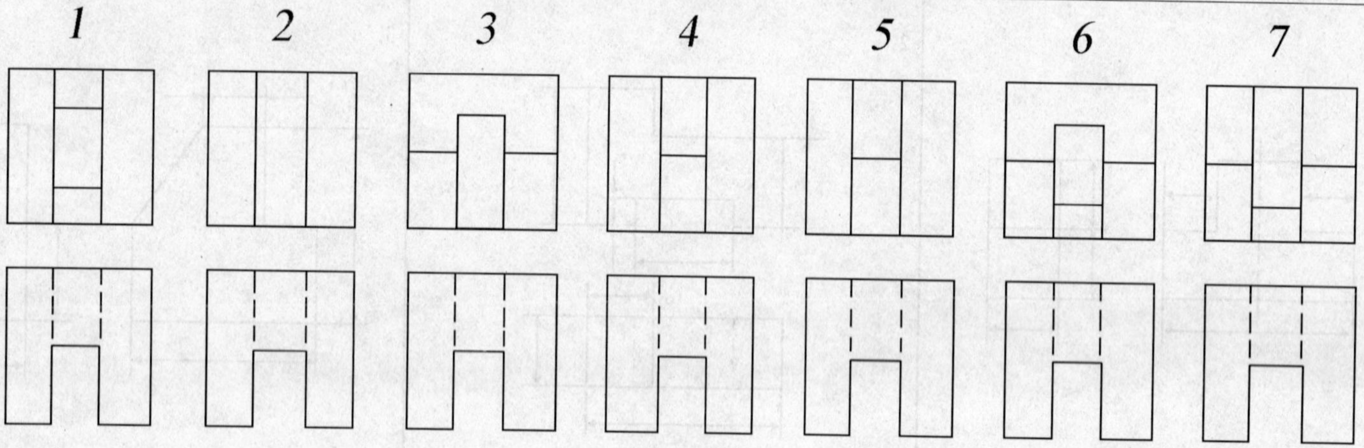

左视图序号

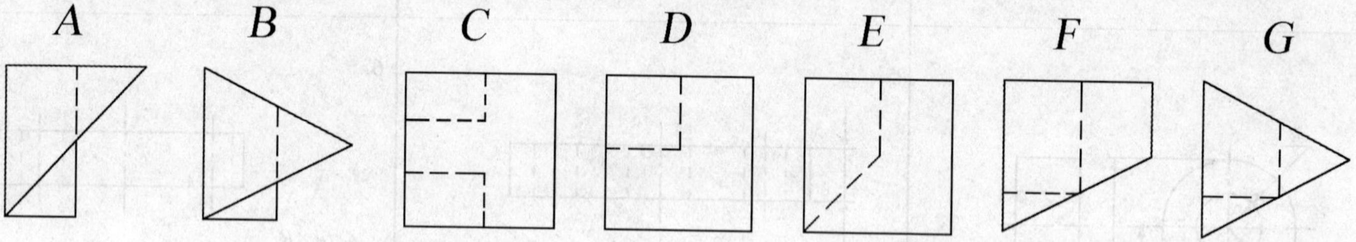

已知的主、俯视图序号	1	2	3	4	5	6	7
填入相应的左视图序号	C						

班级　　　　姓名　　　　学号

4.6　判断视图中尺寸标注的错误(在错的尺寸处打“×”),并补全正确的尺寸标注。

1.

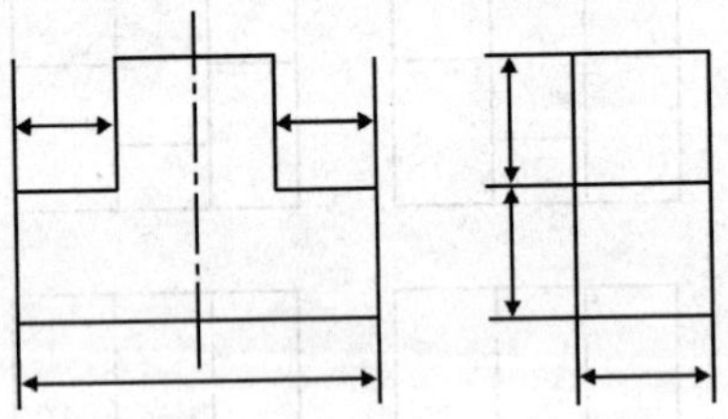

2.

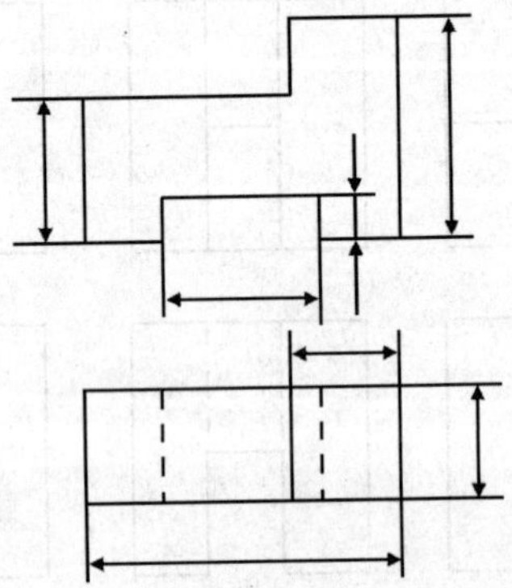

3.

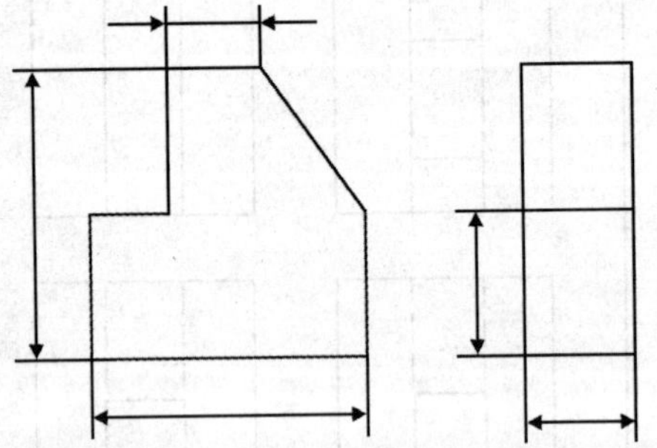

4.

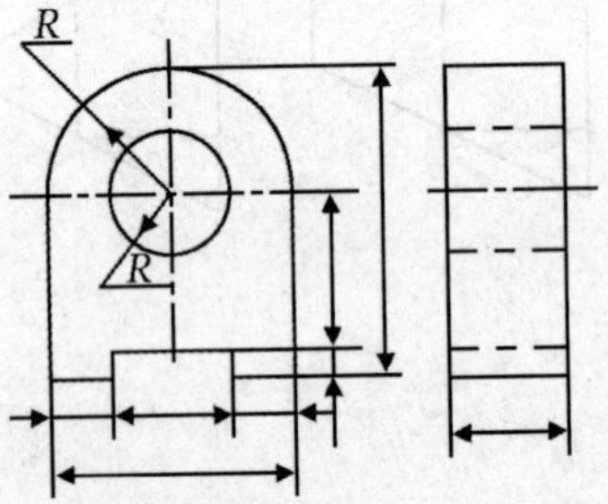

5.

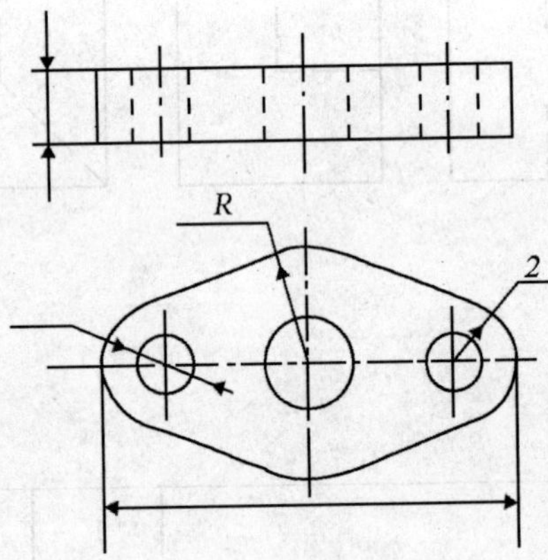

6.

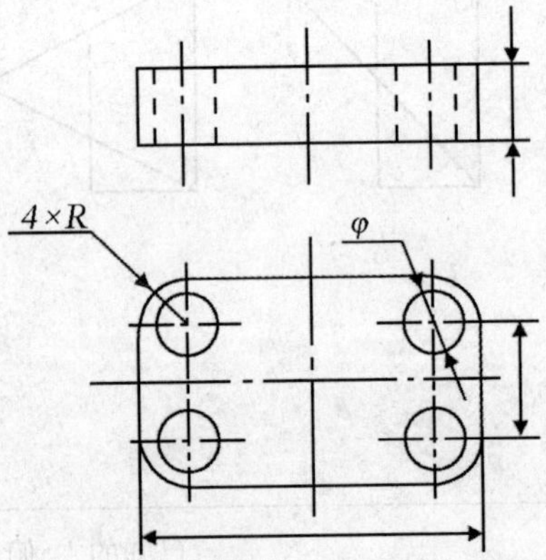

班级　　　　　　姓名　　　　　　学号

4.7 基本体表面交线

分析平面体的截交线,并补画其投影。

1.

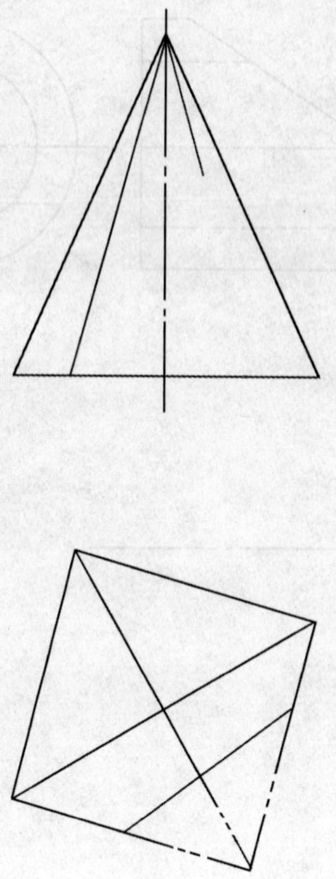

2.

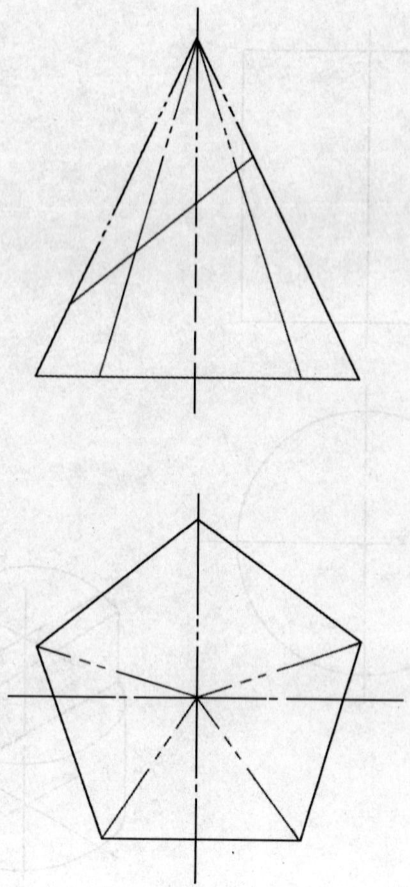

班级 姓名 学号

4.8　基本体表面交线

分析圆柱体的截交线，并补画其投影。

1.

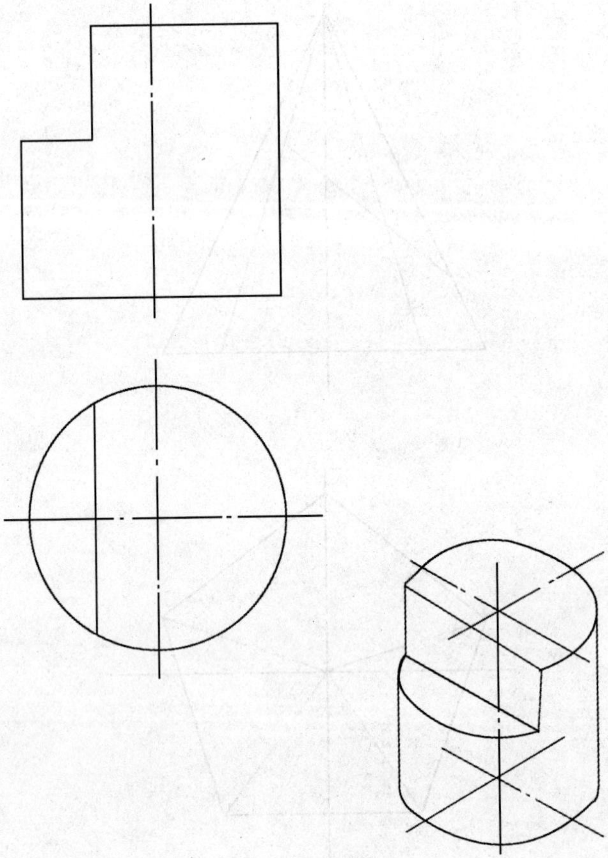

2.

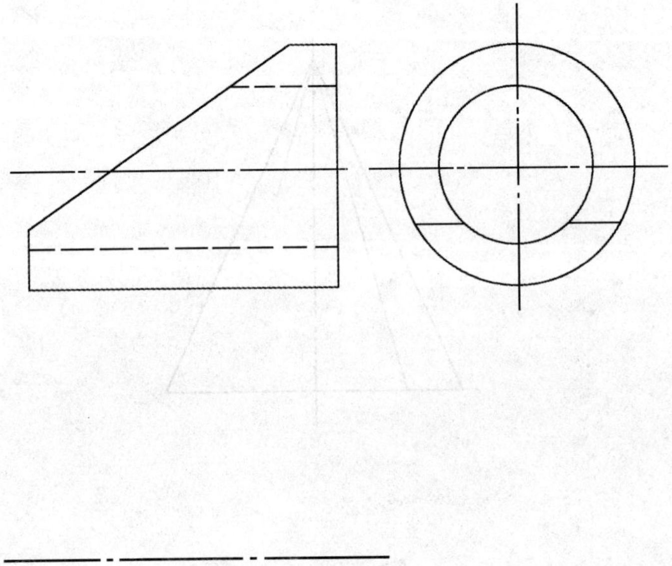

班级　　　　　　　　　　姓名　　　　　　　　　　学号

4.9　基本体表面交线

分析圆锥体的截交线，并补画其投影。

1.

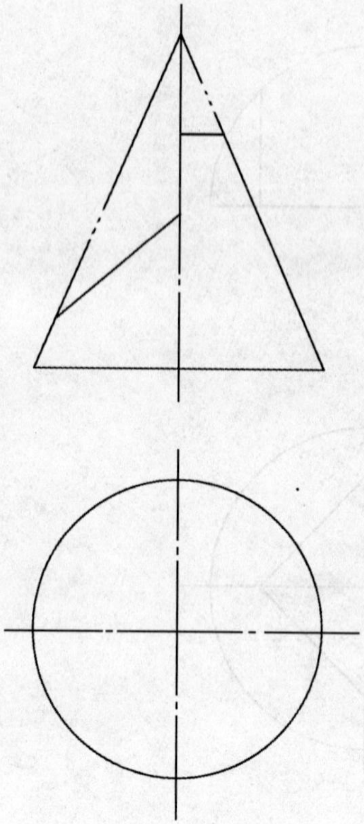

2.

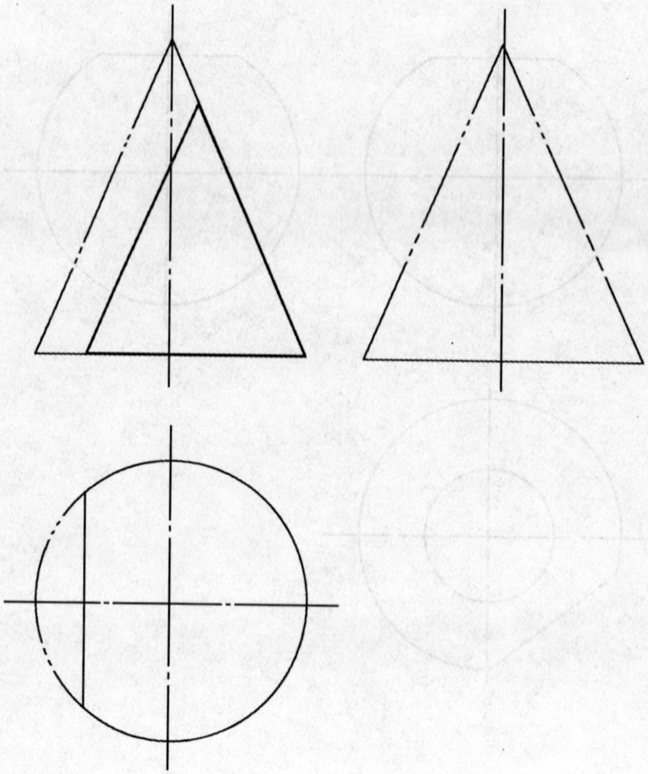

班级　　　　　　　　　　姓名　　　　　　　　　　学号

4.10 基本体表面交线

分析球体的截交线,并补画其投影。

1.

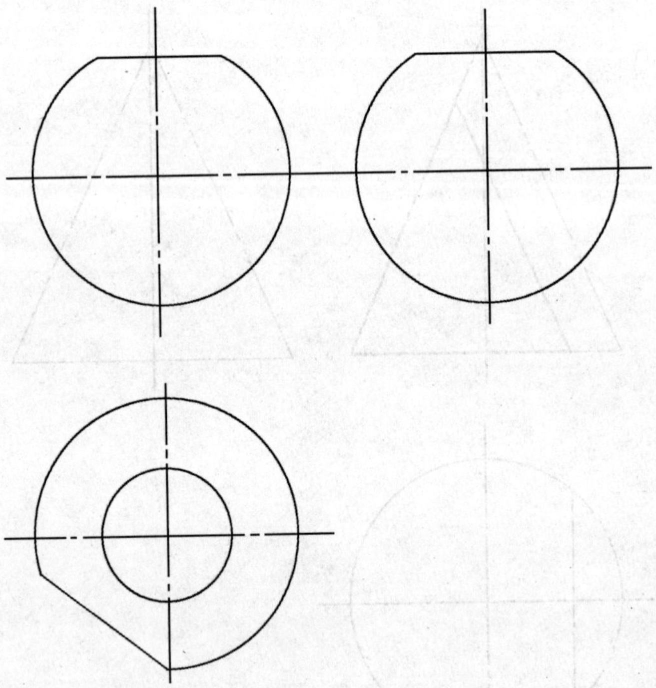

2.

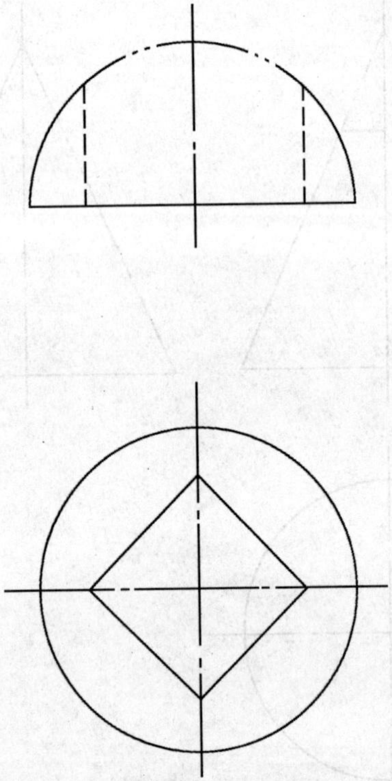

班级　　　　　　　　　　　　　　姓名　　　　　　　　　　　　　　学号

4.11　分析两圆柱的相贯线，利用积聚性画出其投影。

1.

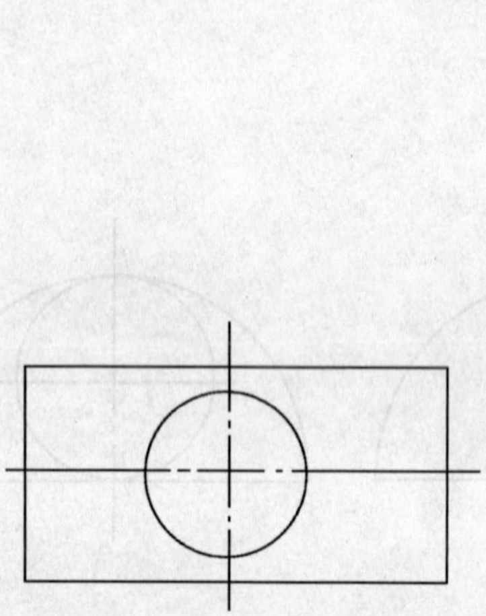

2.

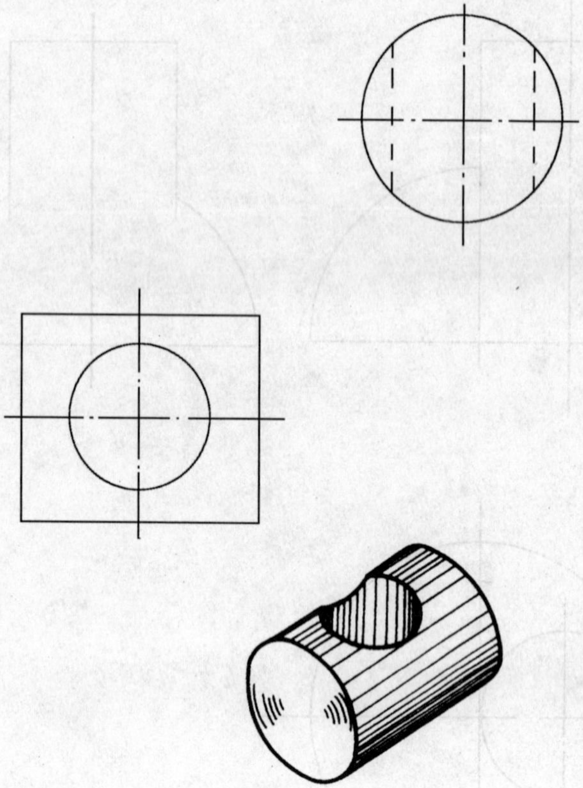

3.

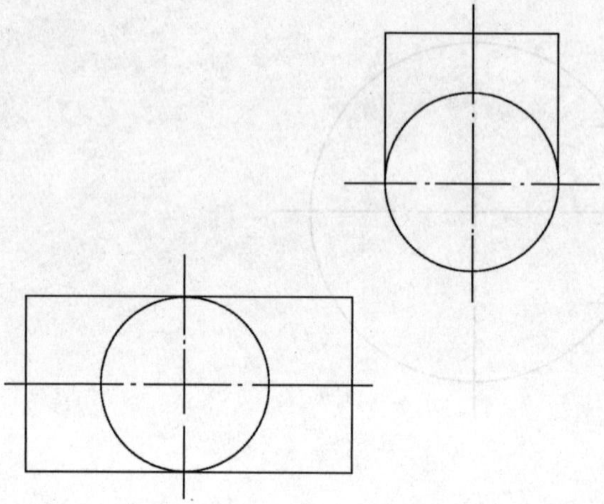

班级　　　　　　　　　　姓名　　　　　　　　　　学号

4.12 **分析回转体的相贯线，用辅助平面法补画其投影。**

1.

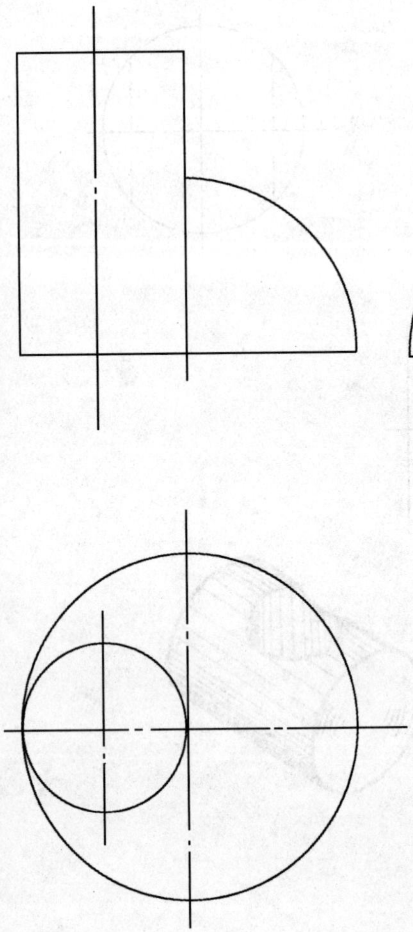

2.

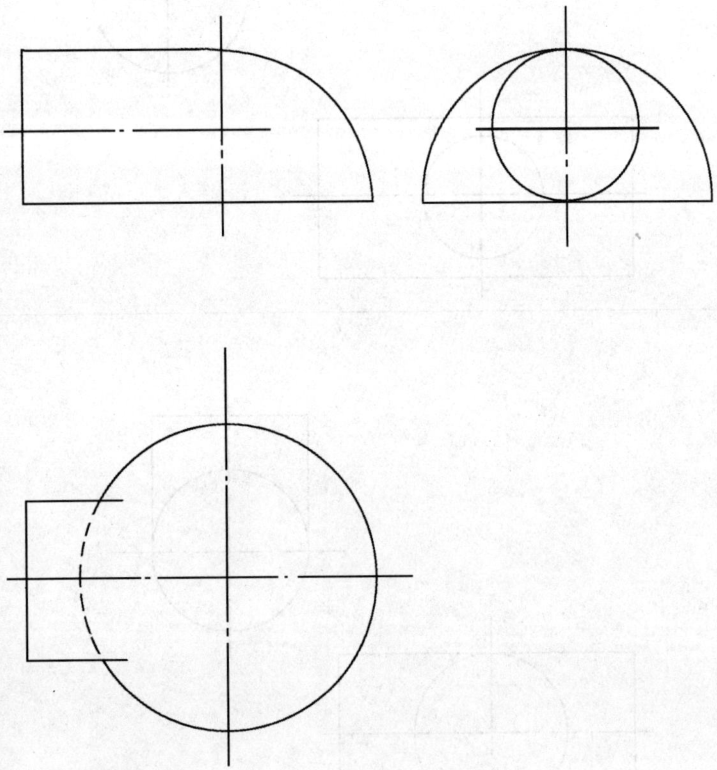

班级　　　　姓名　　　　学号

4.13　**大作业**

分析两回转体的相贯线，用辅助平面法补画其投影。

1.

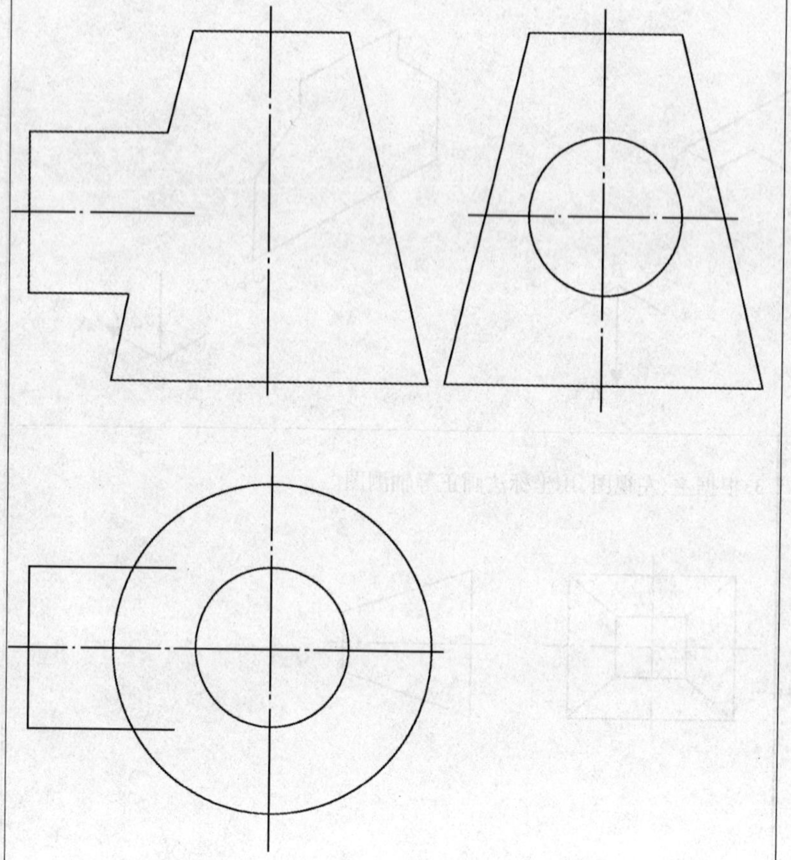

2.

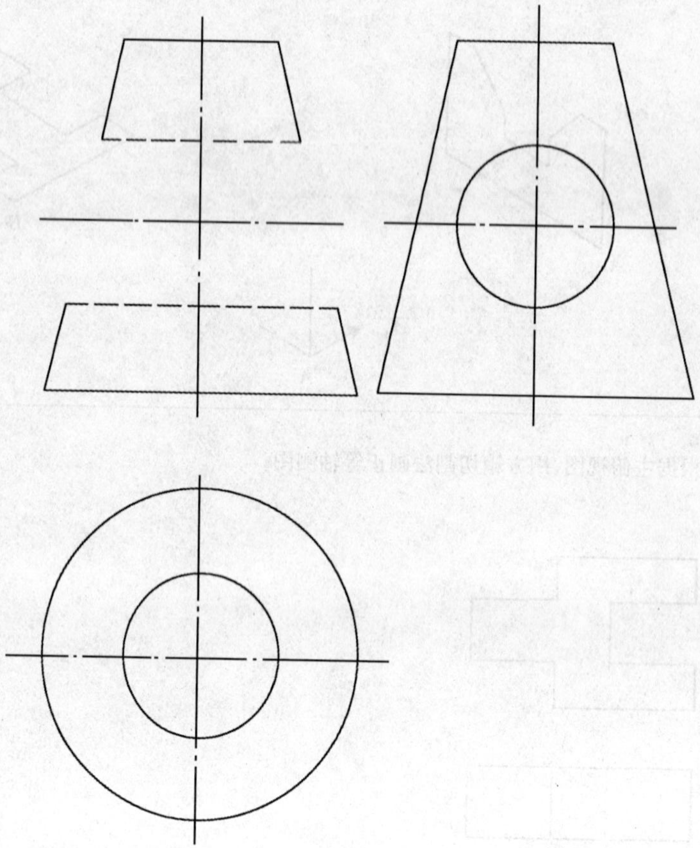

班级　　　　　　　　姓名　　　　　　　　学号

第5章　轴测图

5.1　轴测图练习

1. 已知三种棱柱体特征面的轴测投影与棱柱体厚度为15mm，完成其正等测图（Y_1、Z_1、X_1 分别为其厚度的轴测方向）。

(1)

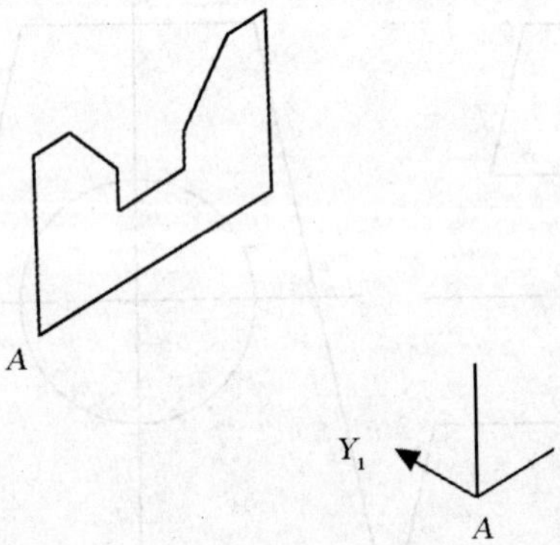

(2)

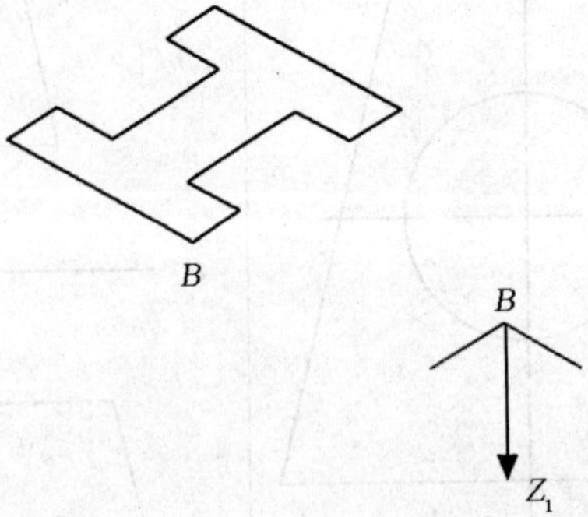

(3)

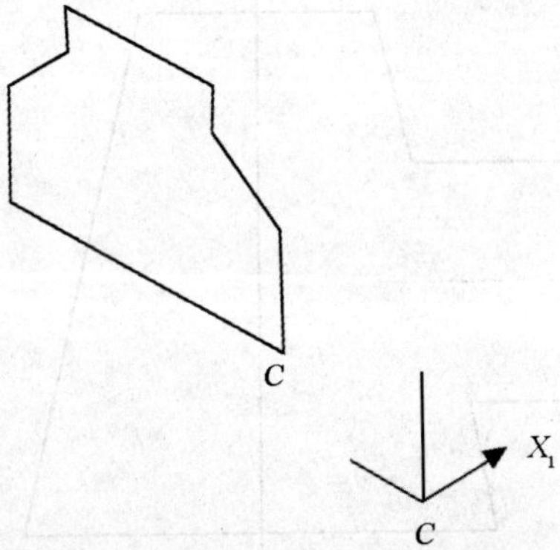

2. 根据主俯视图，用方箱切割法画正等轴测图。

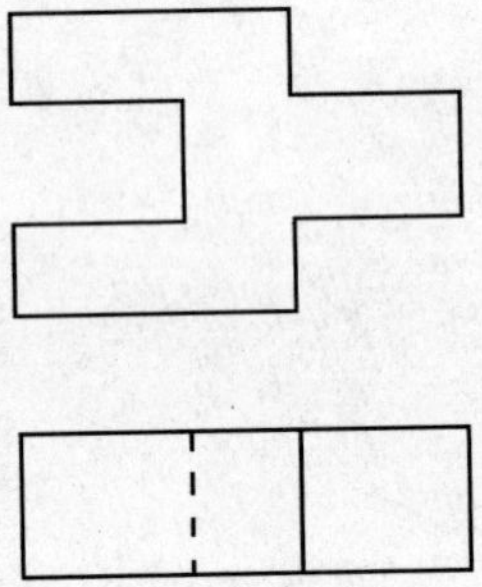

3. 根据主、左视图，用坐标法画正等轴测图。

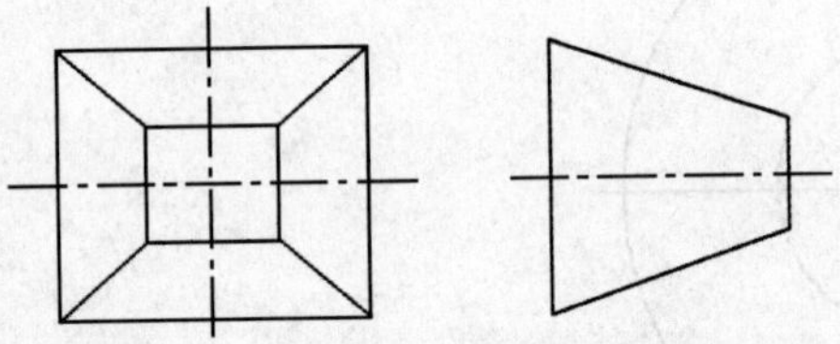

班级　　　　姓名　　　　学号

5.2 根据三视图画正等测图(尺寸从图中按 1:1 的比例量取)

1.

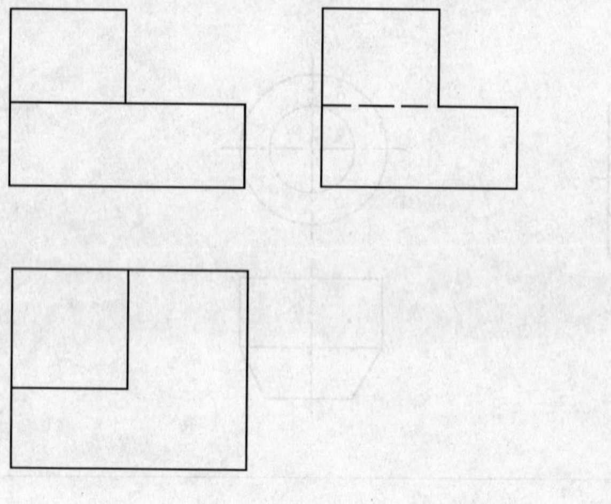

2.

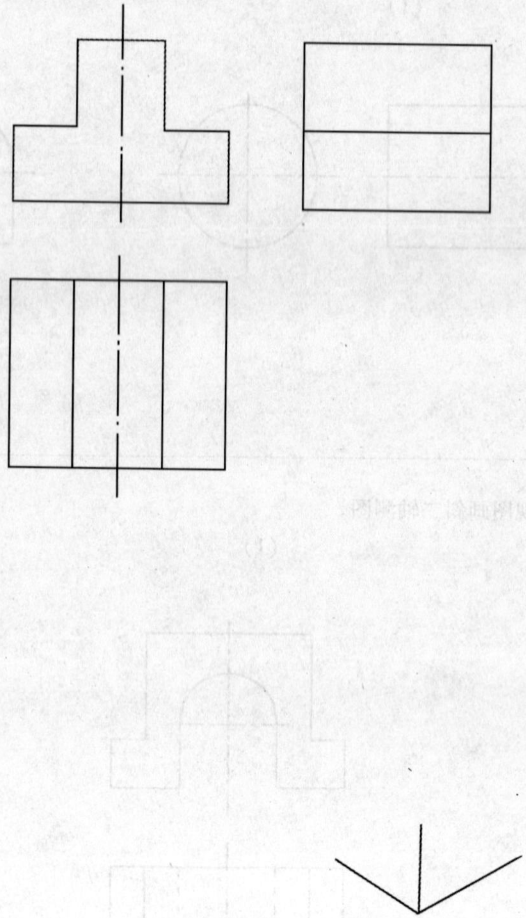

班级　　　　　　　　姓名　　　　　　　　学号

5.3 根据投影图画轴测图，尺寸从图中按1:1的比例量取。

1. 根据视图画正等轴测图。

(1)

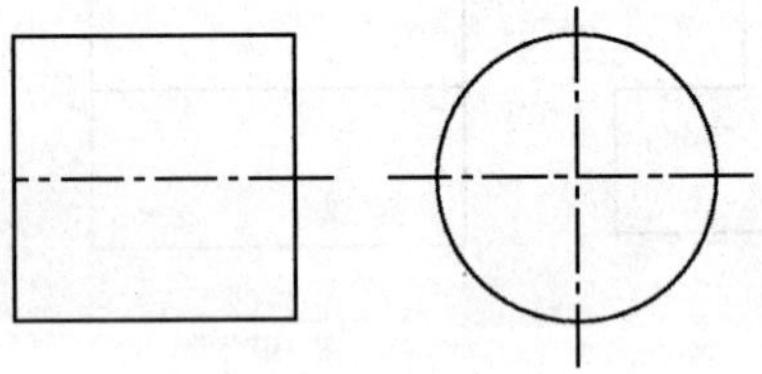

(2)

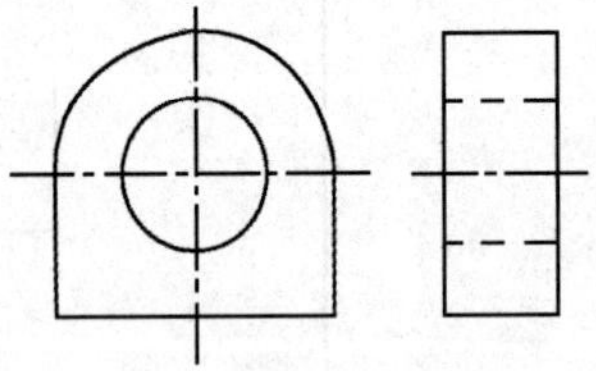

(3)

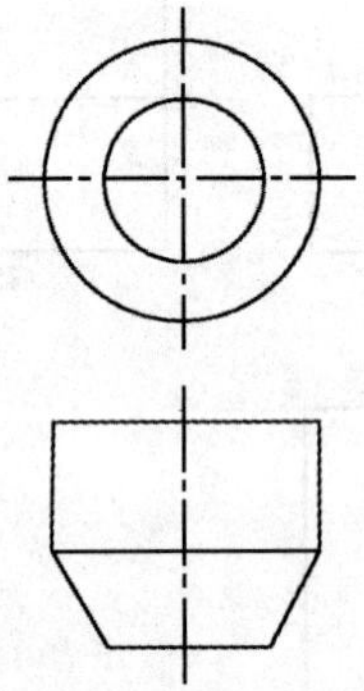

2. 根据两视图画斜二轴测图。

(1)

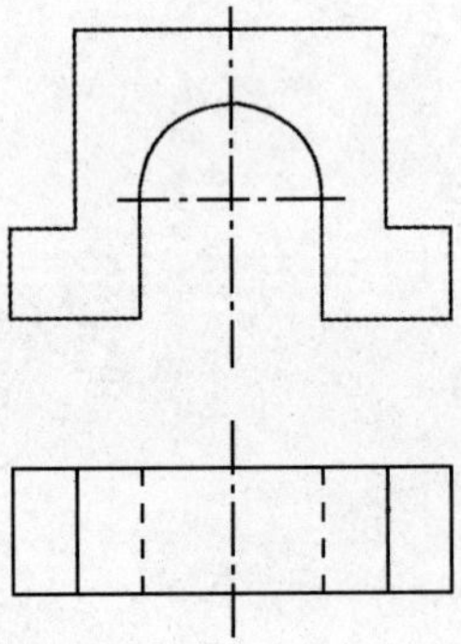

(2)

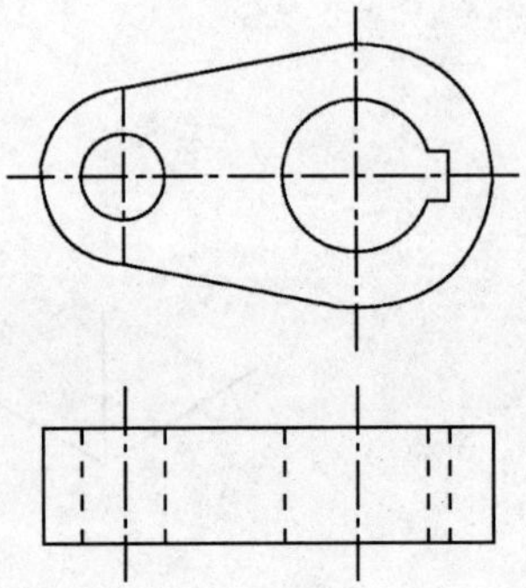

班级　　　　姓名　　　　学号

5.4 根据主、俯视图补画左视图，并在指定位置画出斜二测图（尺寸从图中按 1:1 比例量取）。

1.

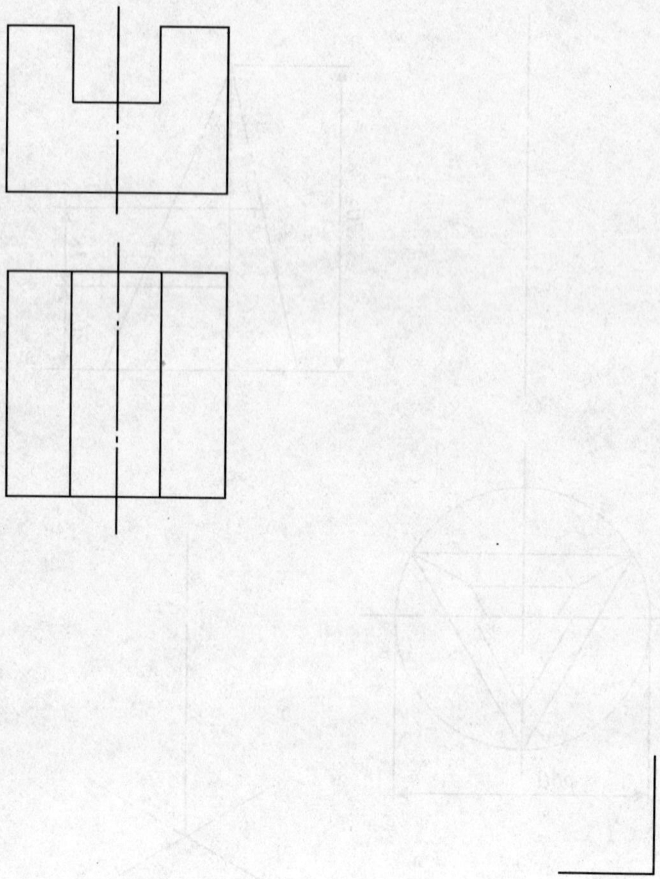

2.

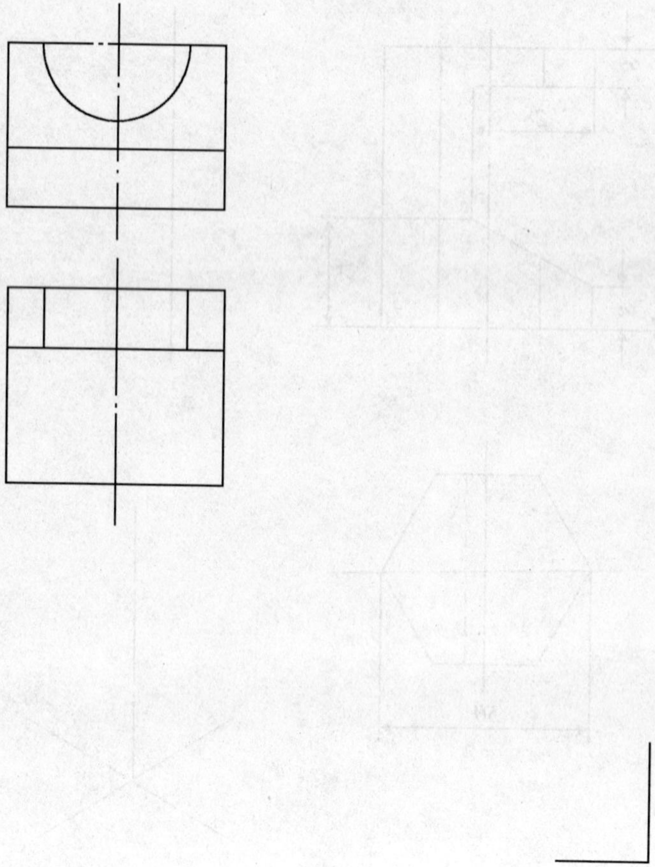

班级 姓名 学号

5.5 补画形体的视图并画其轴测图，A3 图纸，1 ：1，并标注尺寸。

1.

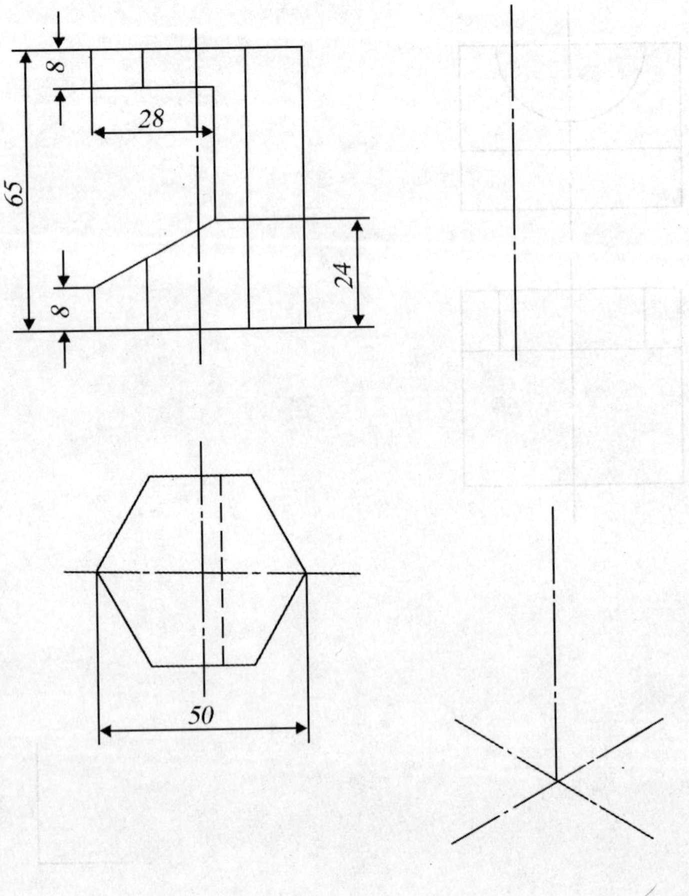

2.

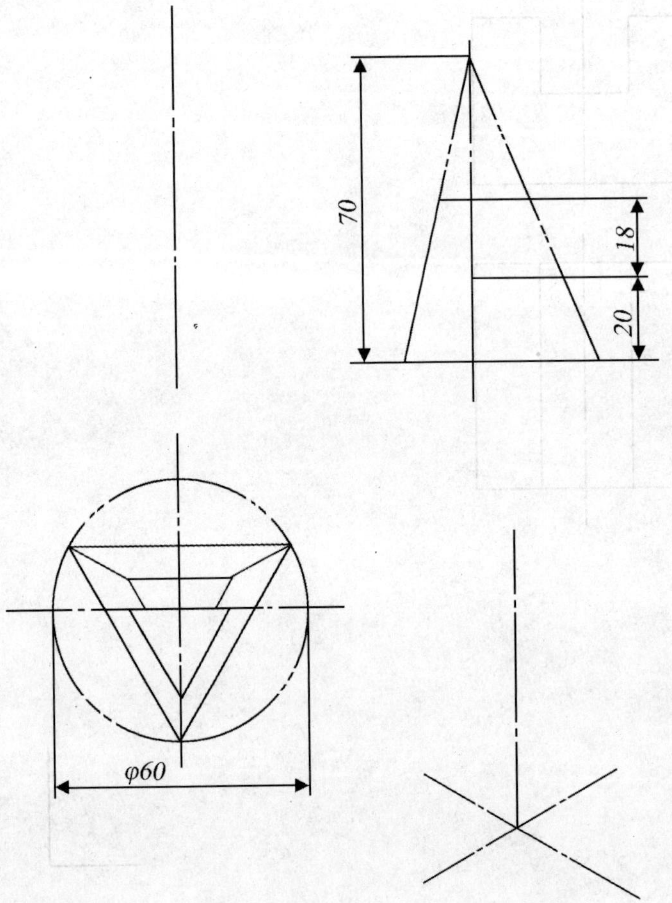

班级　　　　姓名　　　　学号

3.

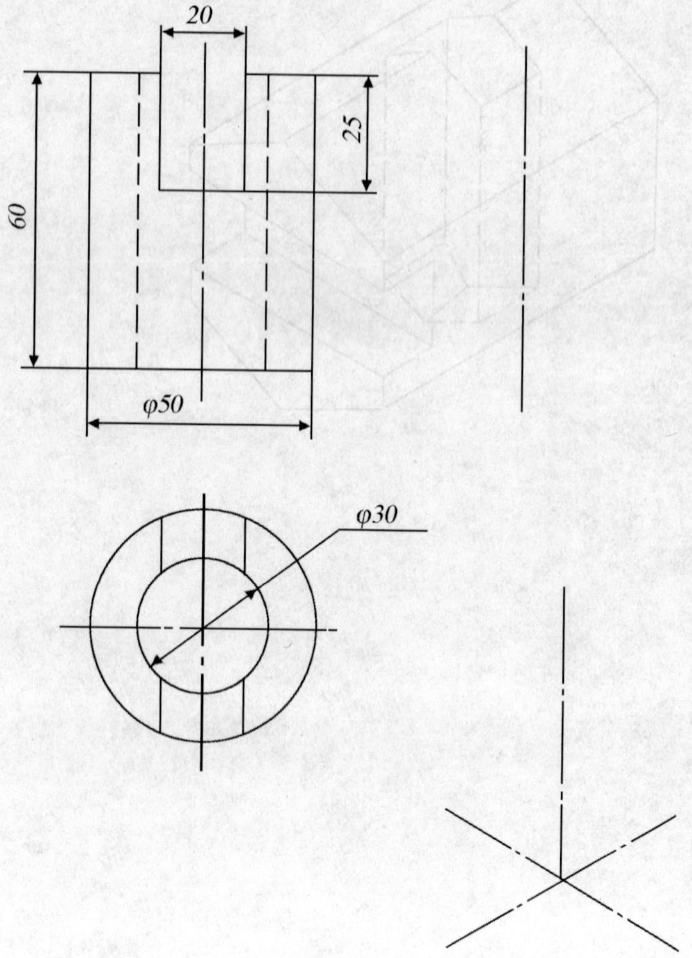

4.

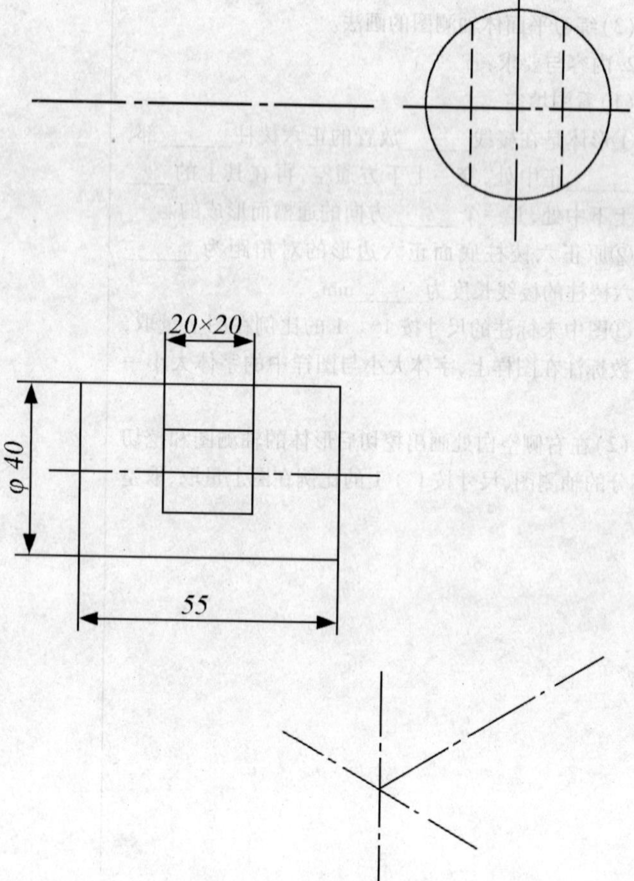

班级　　　　姓名　　　　学号

作业指导

1. 作业目的:

(1)正确理解轴测投影的概念;

(2)熟悉轴测图的作图过程;

(3)练习平面体轴测图的画法。

2. 内容与要求:

(1)看图填空

①形体是在棱线______放置的正六棱柱______部,靠后______正中处,穿一上下方通空,再在其上的______部上下中处,开一个______方向的通槽而形成的。

②原正六棱柱底面正六边形的对角距为______mm,六棱柱的棱线长度为______mm。

③图中未标注的尺寸按1:1的比例在图上量取,取整数标注在图样上,字体大小与图样中的字体大小一致。

(2)在右侧空白处画出挖切后形体的轴测图和挖切掉部分的轴测图,尺寸按1:1的比例在图上量取,取整数。

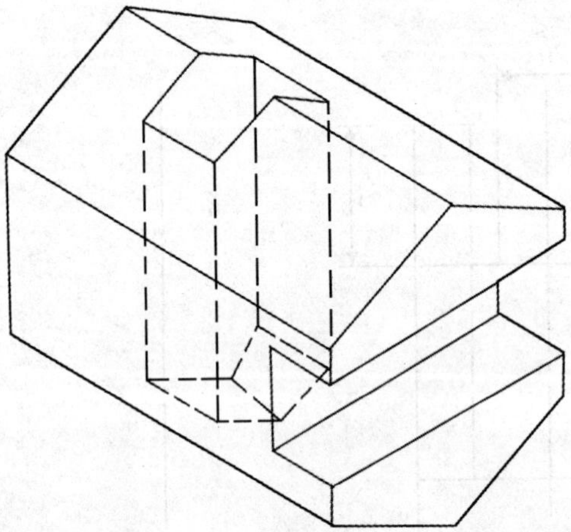

班级　　姓名　　学号

作业指导

1. 作业目的:

(1)正确理解轴测投影的概念;

(2)熟悉轴测图的作图过程;

(3)练习曲面体轴测图的画法。

2. 内容与要求:

(1)看图填空

①形体是先在轴线铅垂放置的圆柱体______部左、右两边割切掉两个相等的______体,然后在其上边的______正中处切出一个______槽,再在其______部靠______边向后穿一个______形孔而形成的。

②原圆柱体直径为______,切去部分的形状尺寸和相对于圆柱轴线的位置尺寸分别为____________、____________、__________、__________。

(2)在右侧空白处画出挖切后形体的轴测图和挖切掉部分的轴测图,尺寸按1:1的比例在图上量取,取整数。

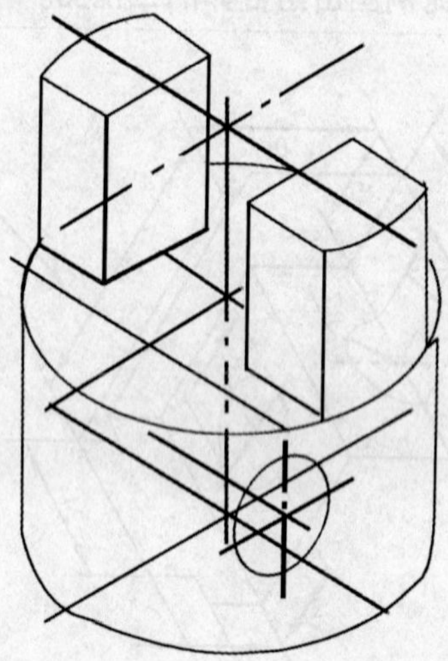

班级　　　　姓名　　　　学号

第6章　组合体

6.1　根据轴测图以 1 ：1 比例画出组合体的三视图。

1.

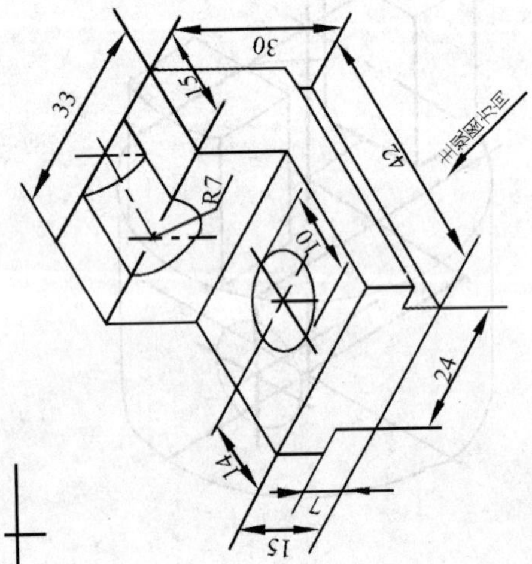

2.

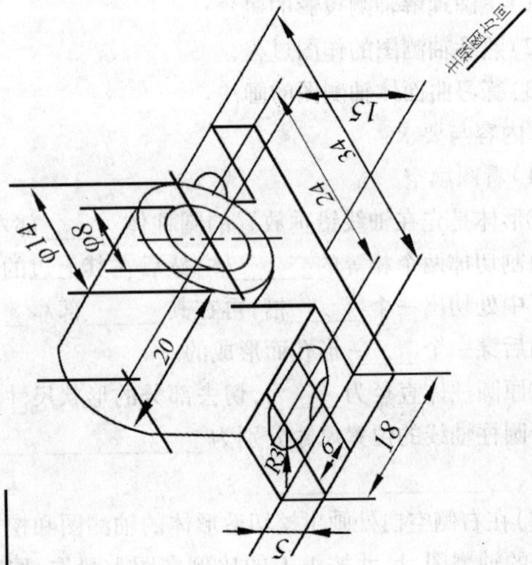

班级　　　　　　　　姓名　　　　　　　　学号

6.2　根据轴测图以 1 ：1 的比例画出组合体的三视图

1.

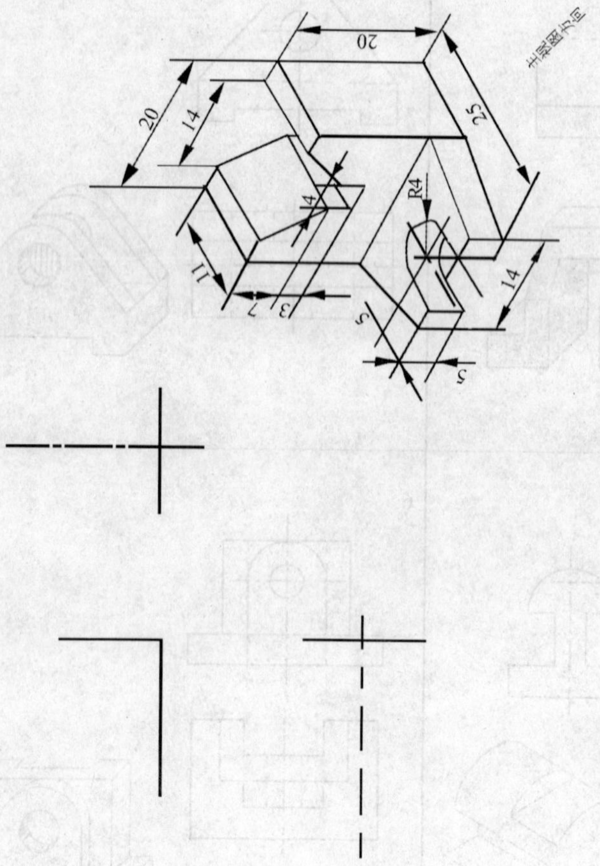

2.

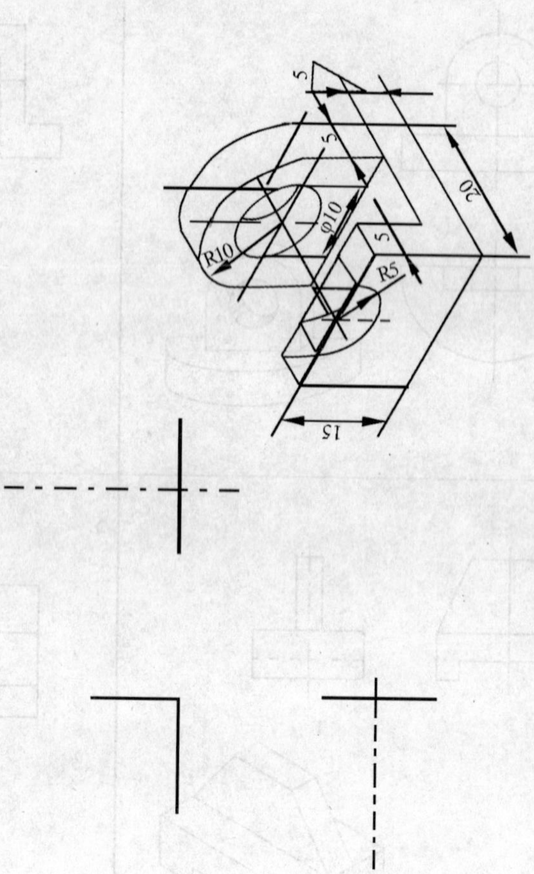

班级　　　　　　　姓名　　　　　　　学号

6.3 用形体分析法，根据组合体的两视图补画第三视图。

1.

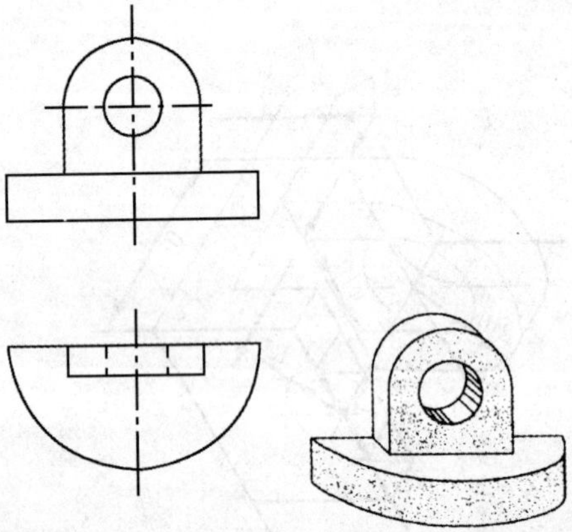

2.

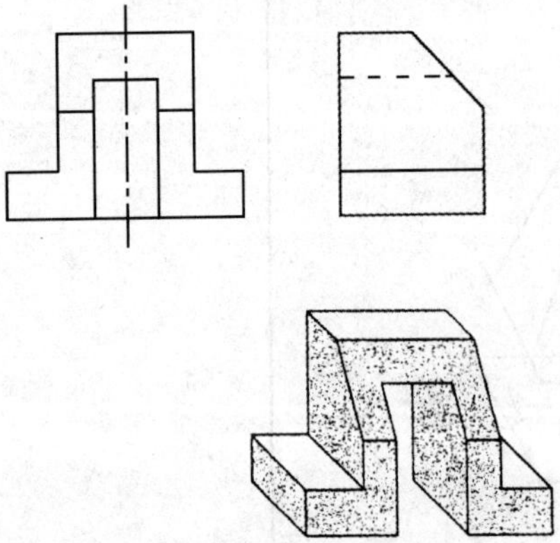

3.

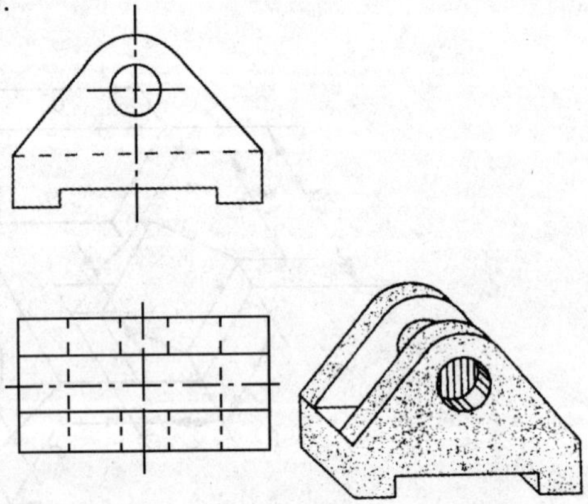

4.

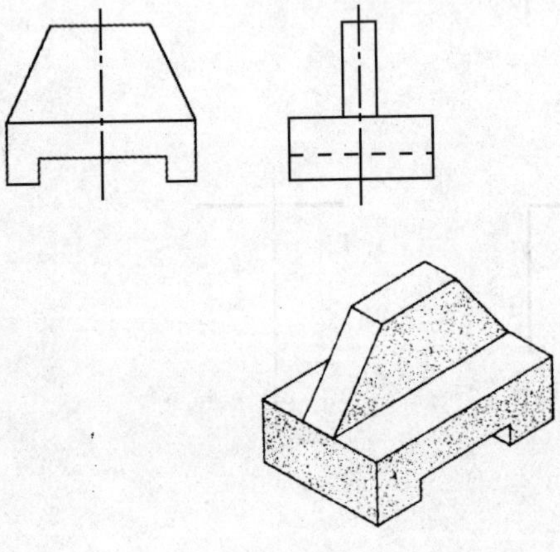

5.

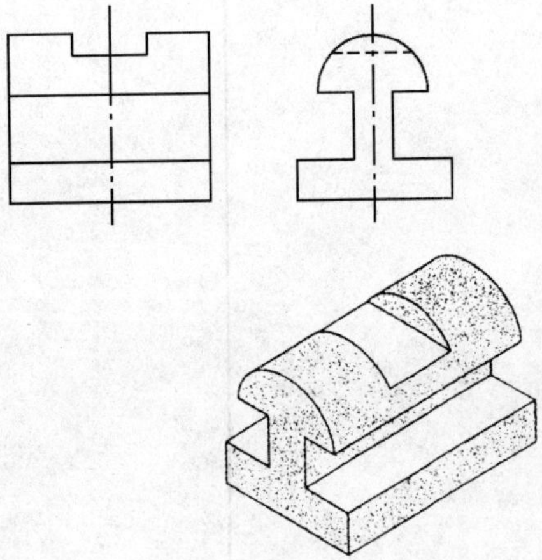

6.

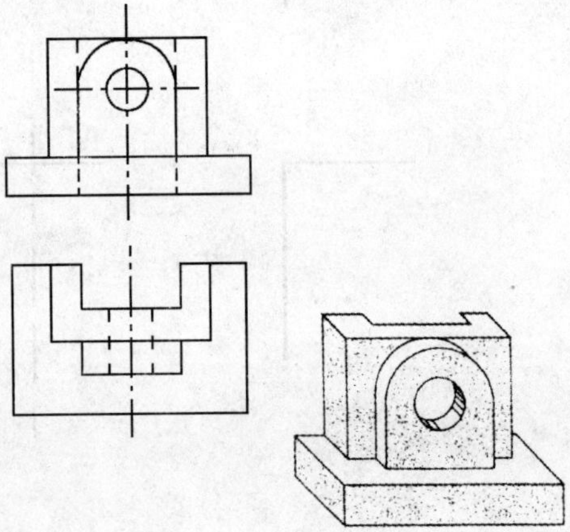

班级　　　　姓名　　　　学号

6.4 读懂视图，标注尺寸（尺寸从图中按 1 : 1 量取，取整数）。

1.

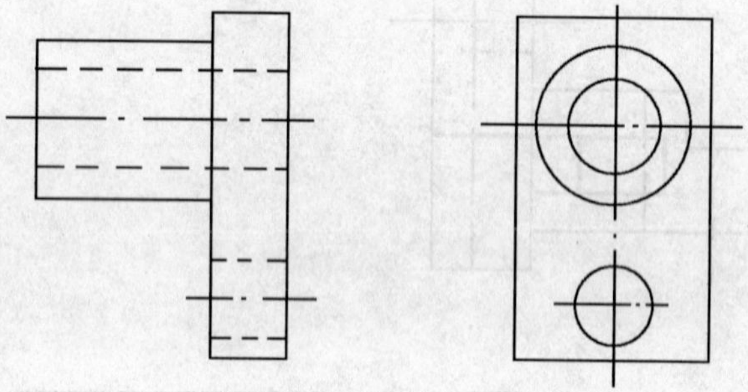

2.

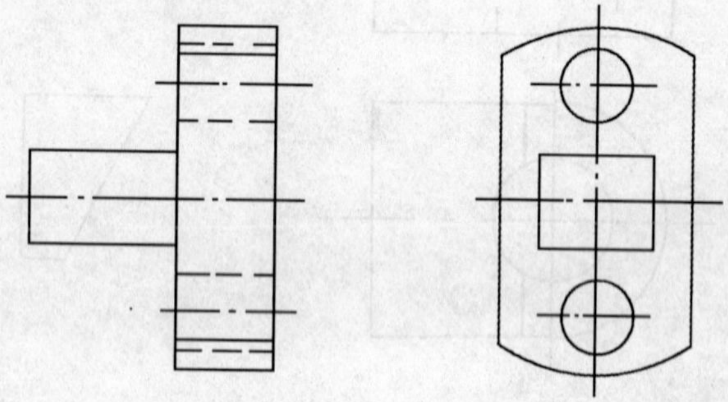

3.

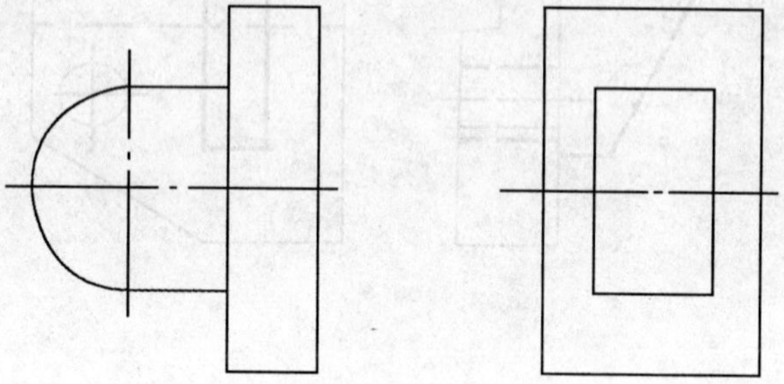

4.

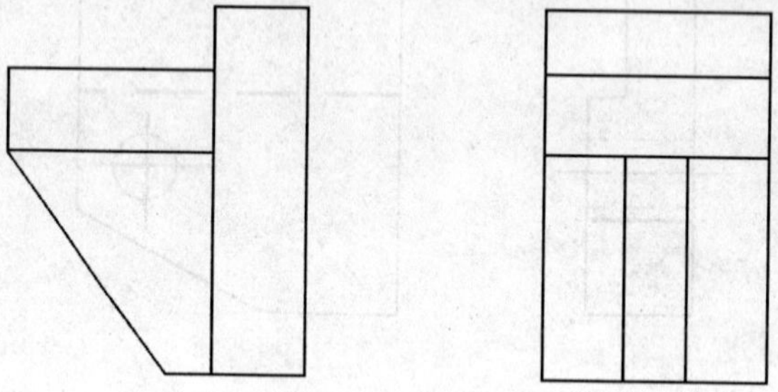

班级　　　　姓名　　　　学号

6.5 读懂视图，先标注假想组合体分解成三部分的尺寸，再标注整体形状的尺寸。

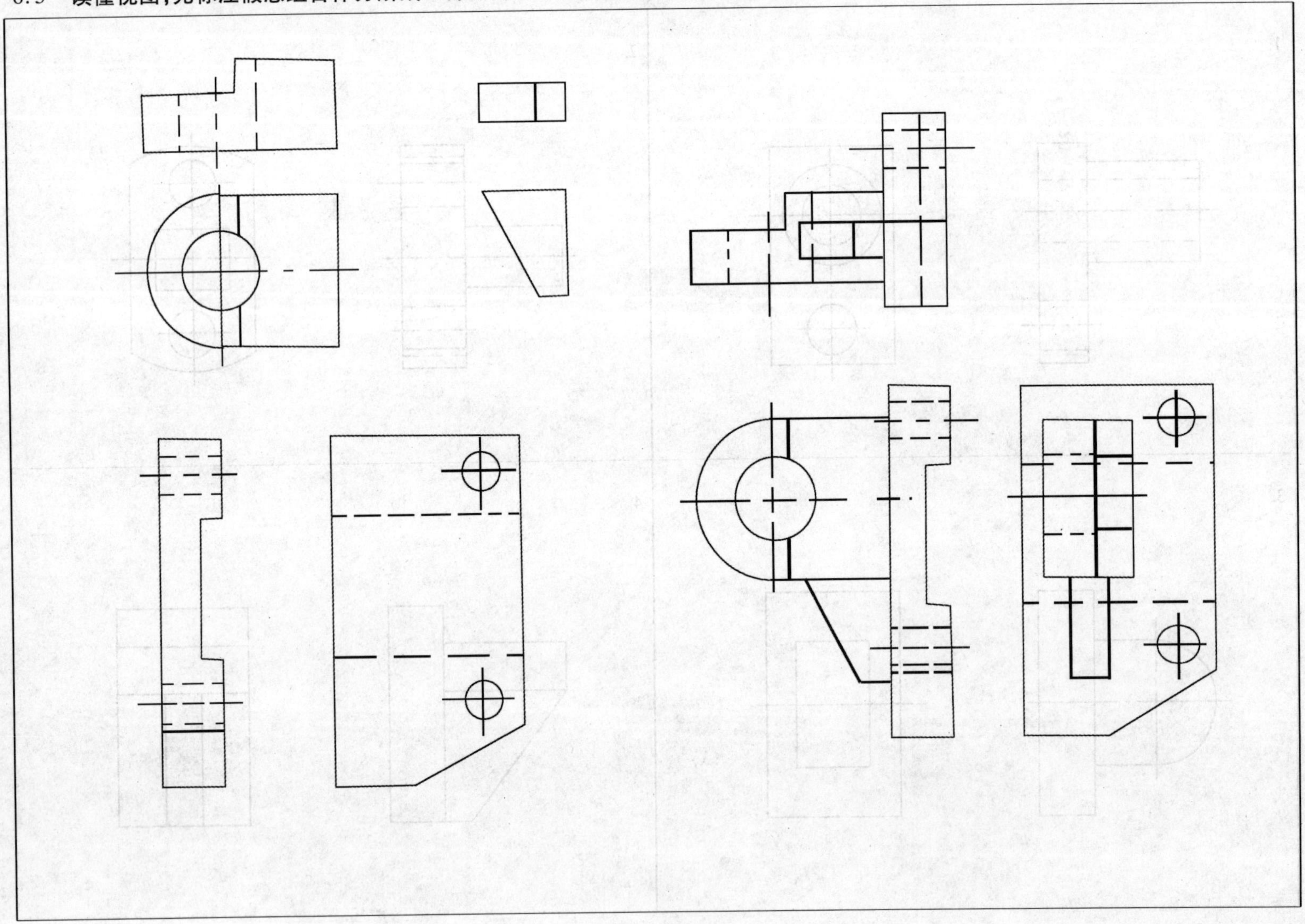

班级　　　　　　　　　　姓名　　　　　　　　　　学号

6.6　读懂视图，标注尺寸，尺寸数值按 1 ∶ 1 从图中量取。

1.

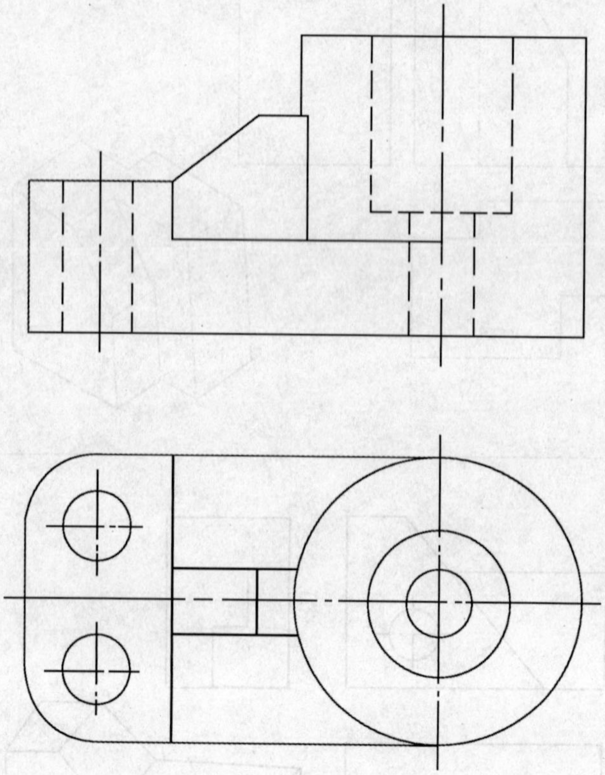

2.

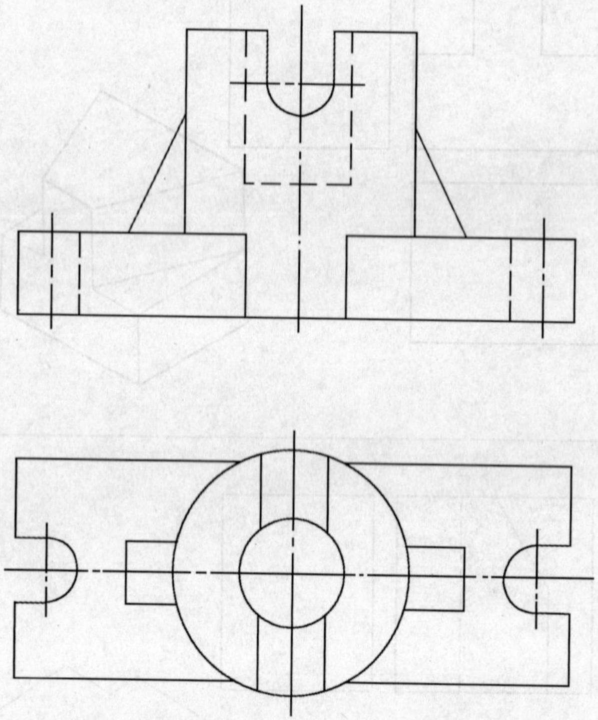

班级　　　　姓名　　　　学号

6.7　对照轴测图补画三视图上漏画的图线。

1.

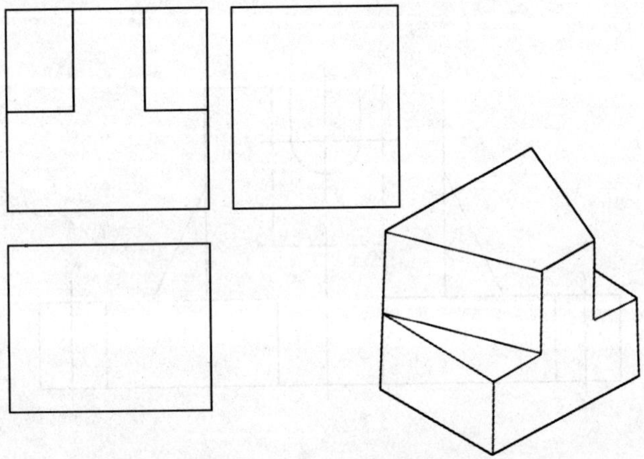

2.

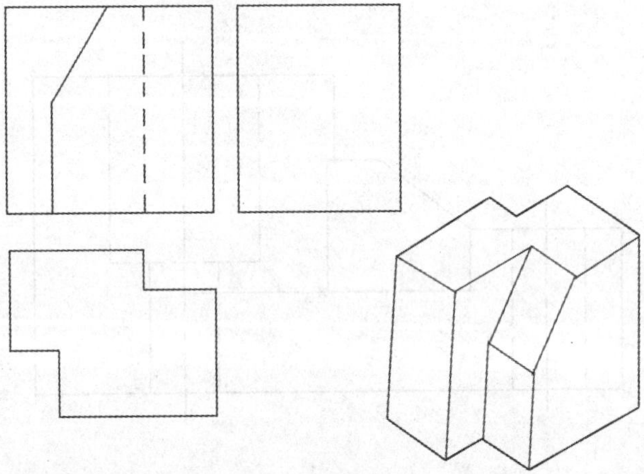

3.

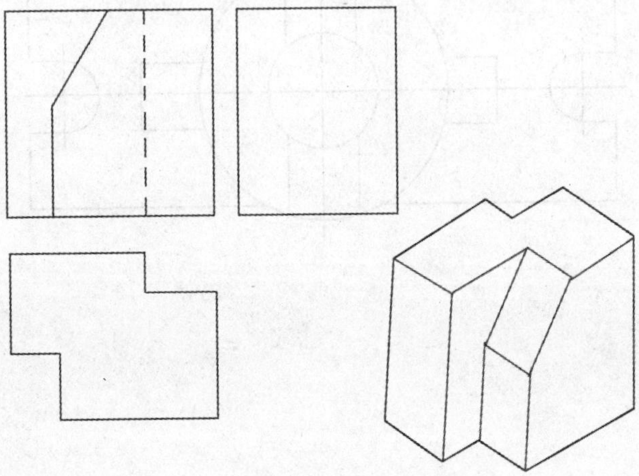

4.

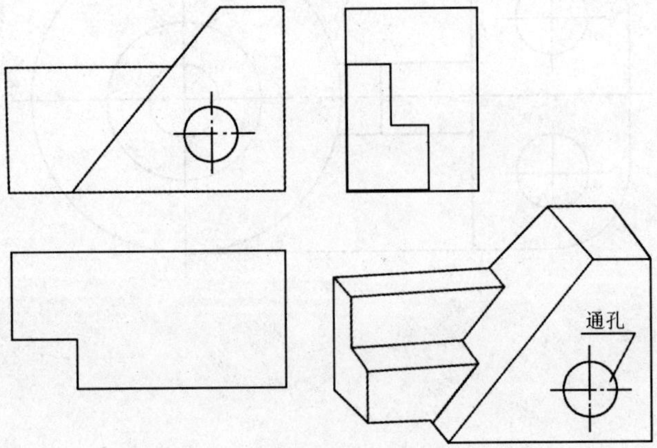

班级　　　　　　姓名　　　　　　学号

6.8 根据立体图，对照三视图，分析物体的组合方式，补画出视图中所缺的图线。

1.

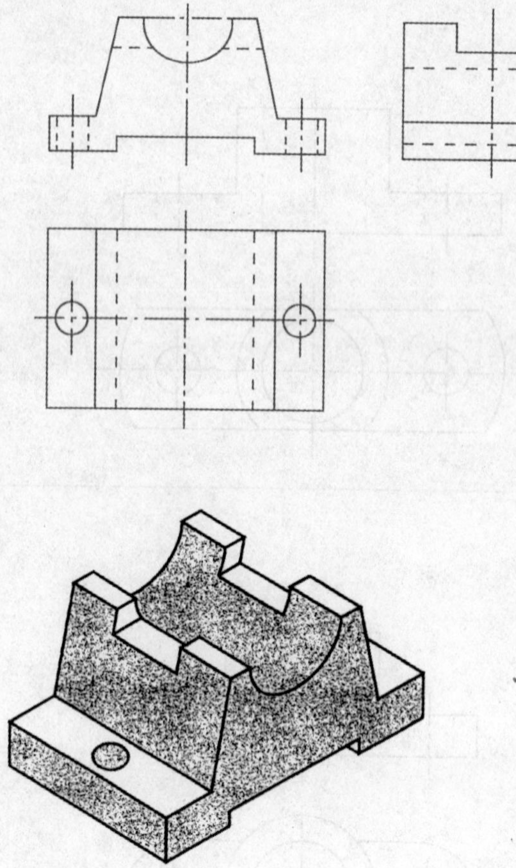

2.

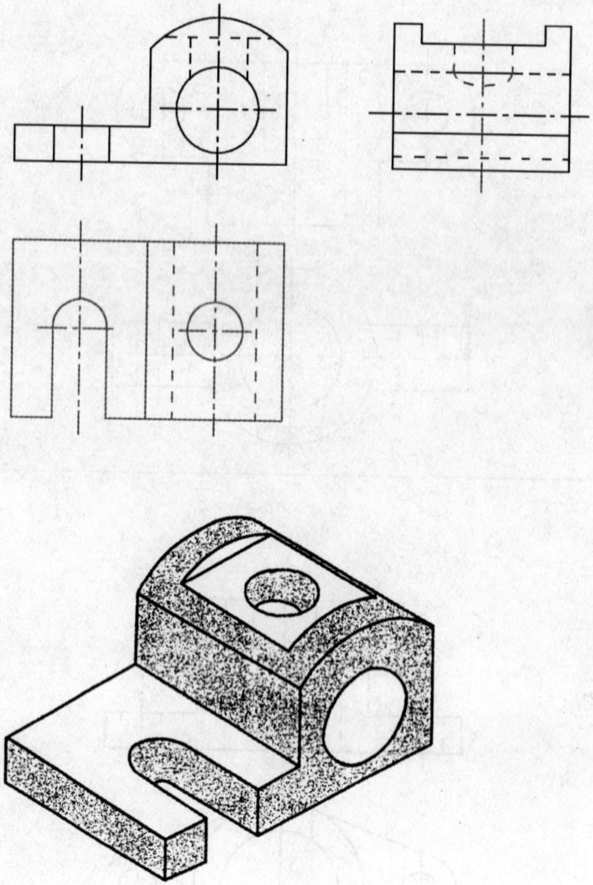

班级　　　　姓名　　　　学号

6.9　补全视图中所缺的图线。

1.

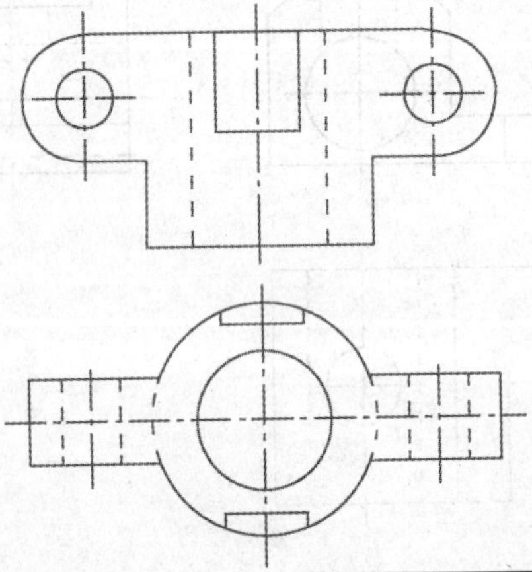

2.

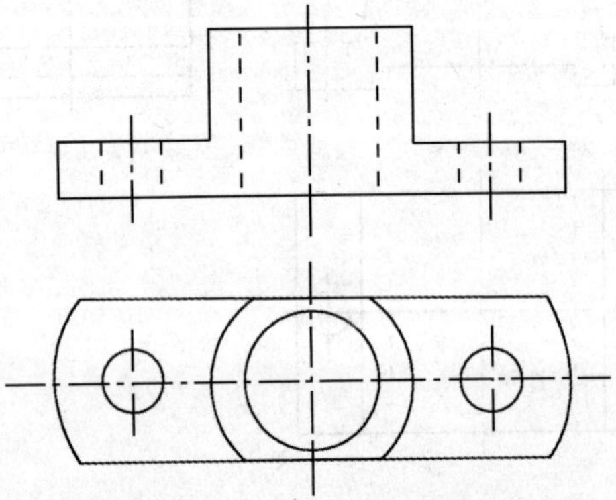

3.

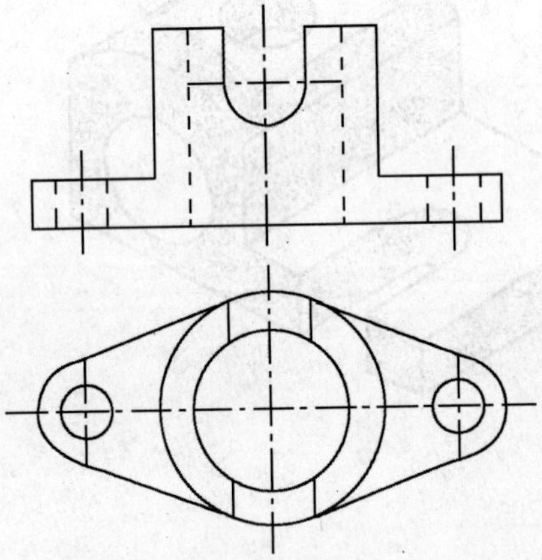

4.

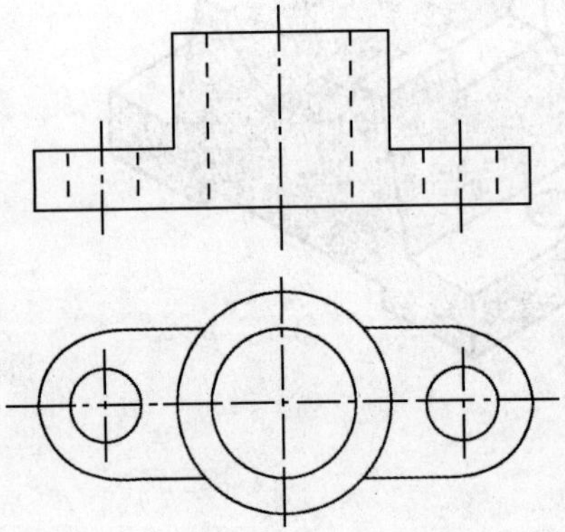

班级　　　　　　　　　　姓名　　　　　　　　　　学号

6.10 补全视图中所缺的图线

5.

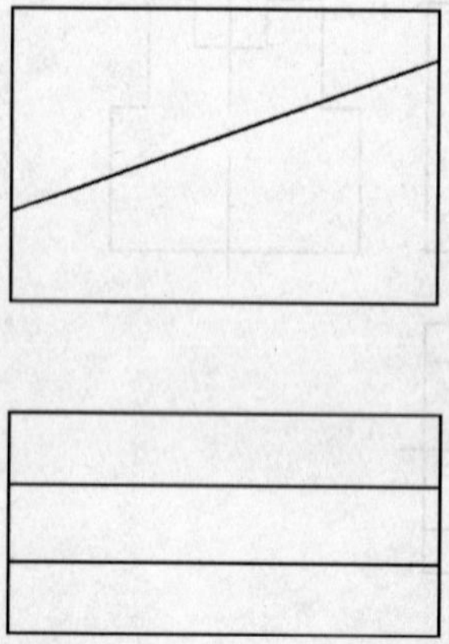

6.

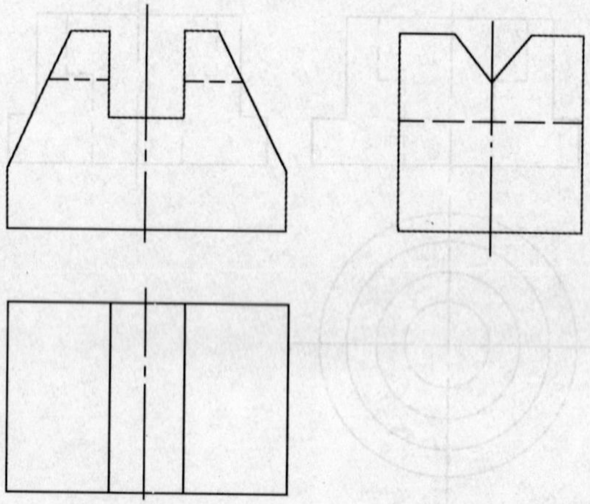

7.

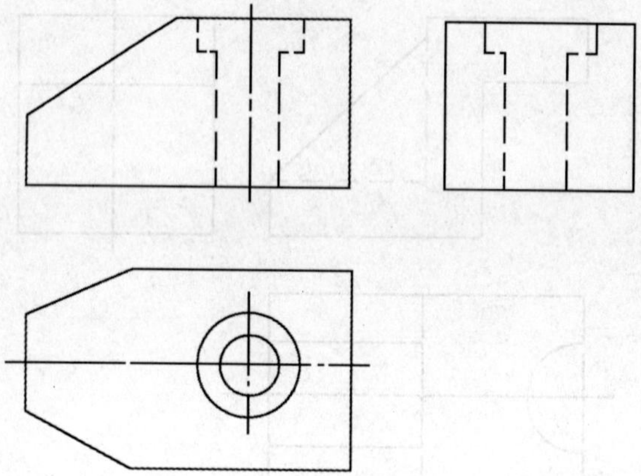

8.

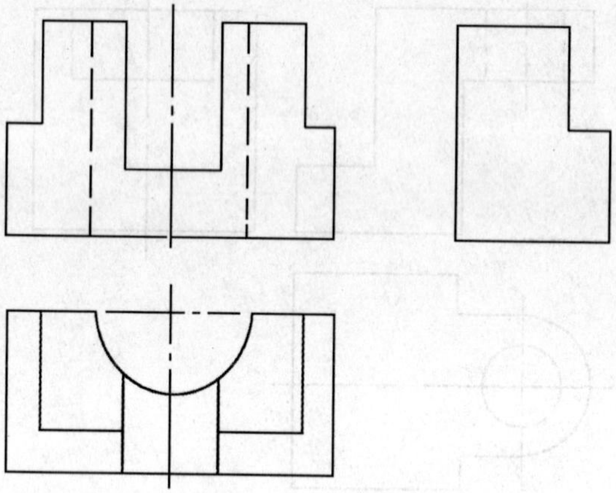

班级　　　　姓名　　　　学号

6.11 补全组合体三视图中漏画的图线。

9.

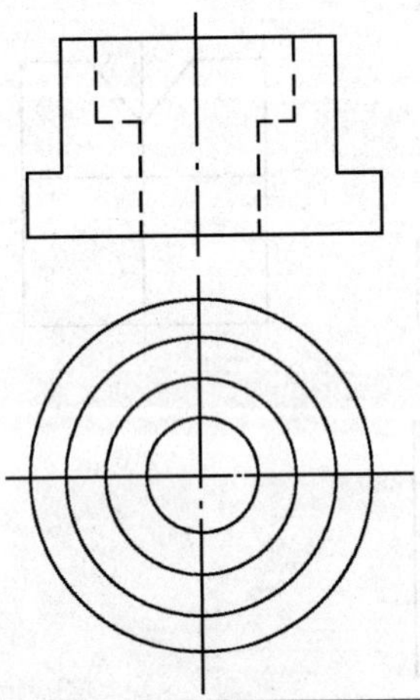

10.

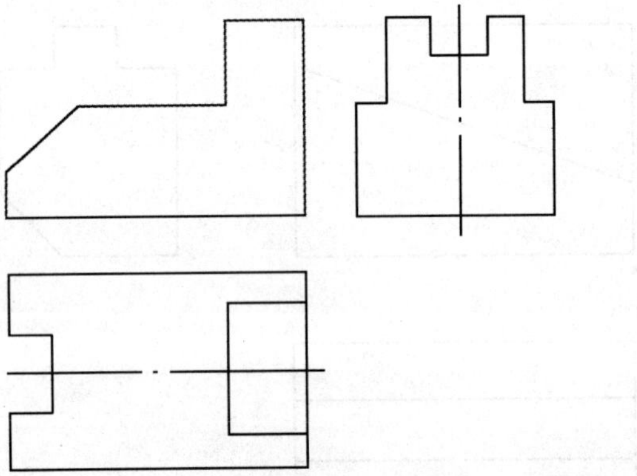

11.

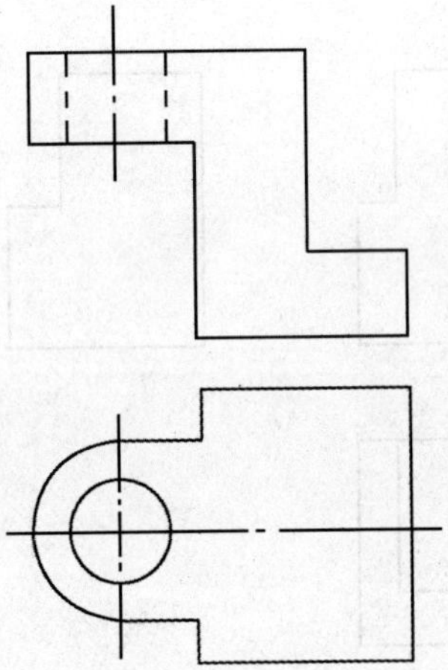

12.

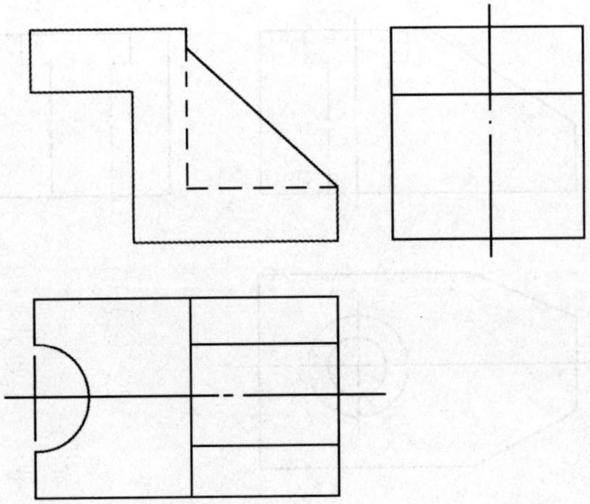

班级　　　　　　姓名　　　　　　学号

6.12 看懂(1)的三视图，把俯视图变成(2)、(3)、(4)时，线框 a、b、c 和(1)的相应高度不变，构思其立体形体，并画出其主、左视图。

1.

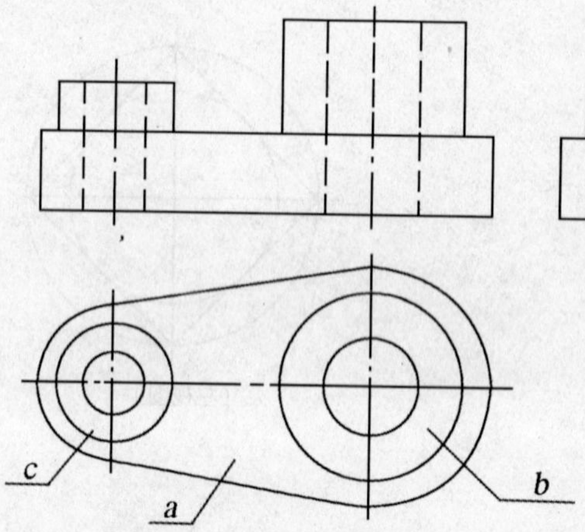

2.

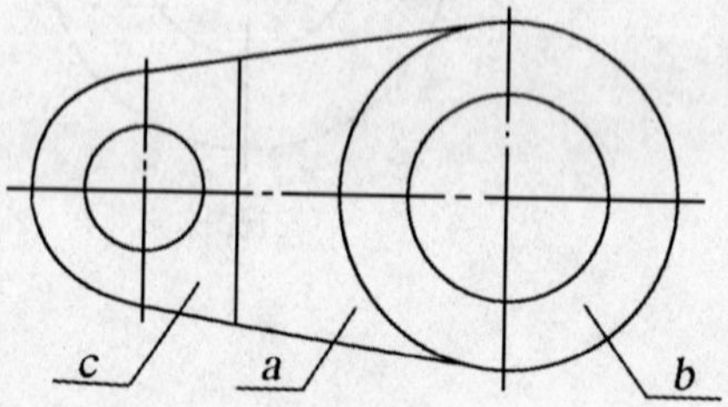

3.

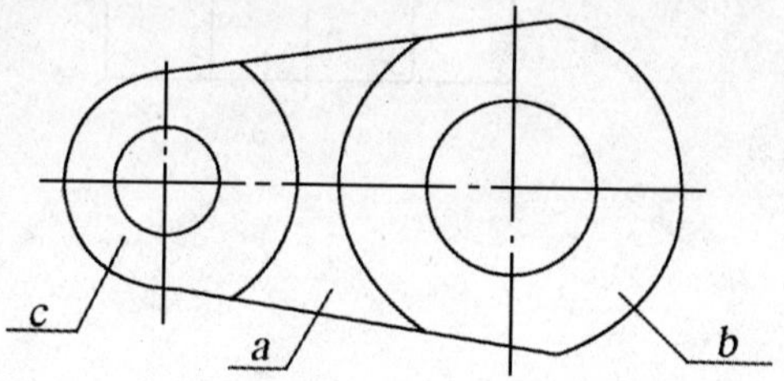

4.

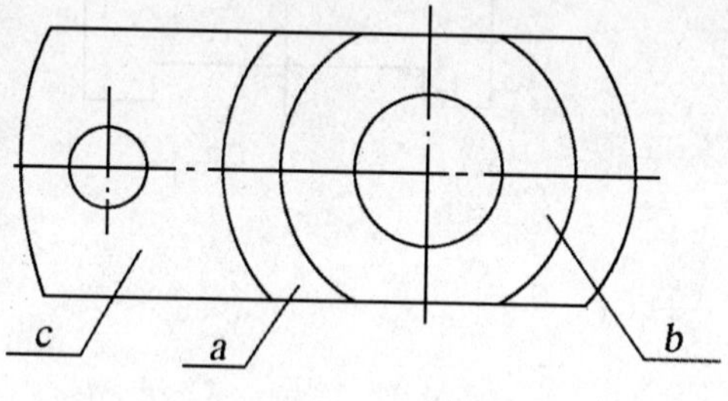

班级　　　　姓名　　　　学号

6.13 (1)、(2)由左视图构思四个不相同又能连成整体的基本几何体，并画出主视图；(3)(4)由主、左视图，构思立体形状，并画出其它两面视图。

1.

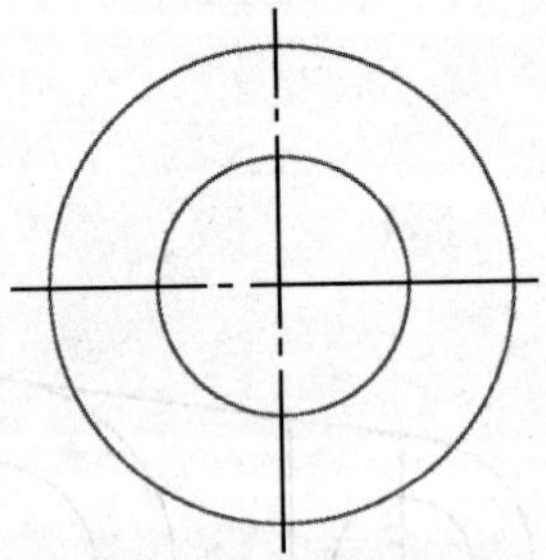

(左视图)

2.

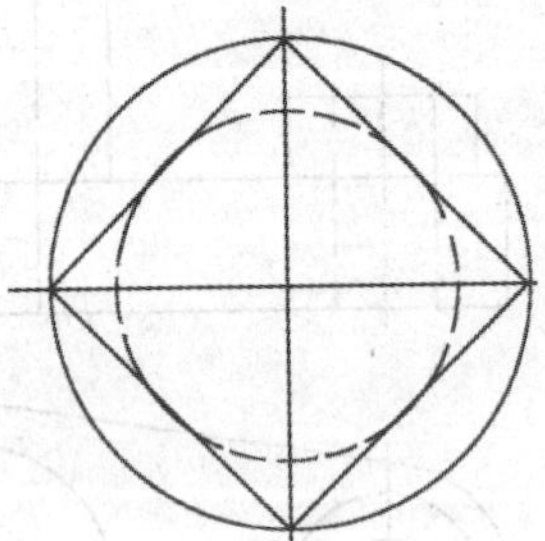

(左视图)

3.

(主视图)

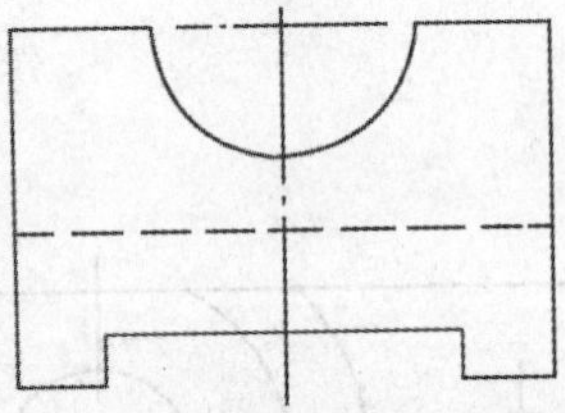

4.

(左视图)

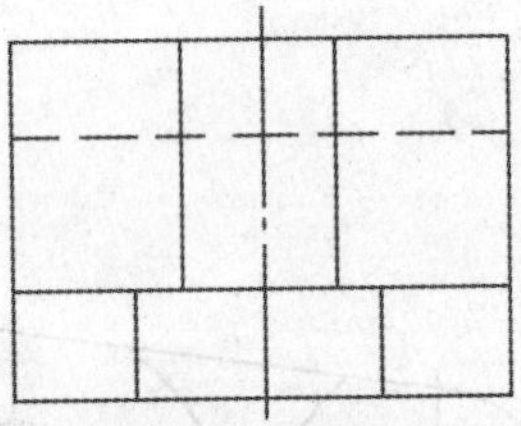

班级 姓名 学号

6.14 根据组合体的两视图,补画第三视图

1.

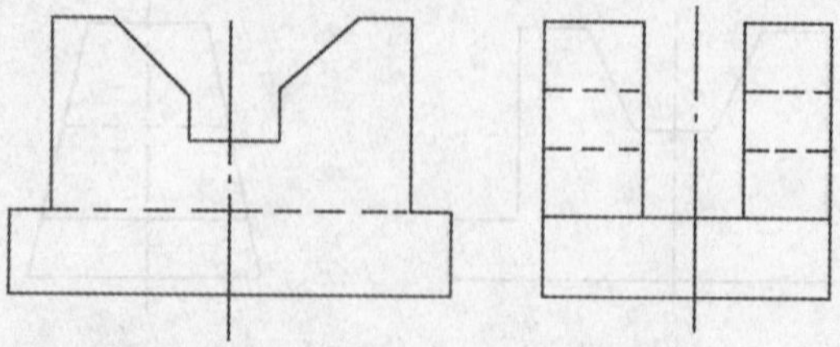

2.

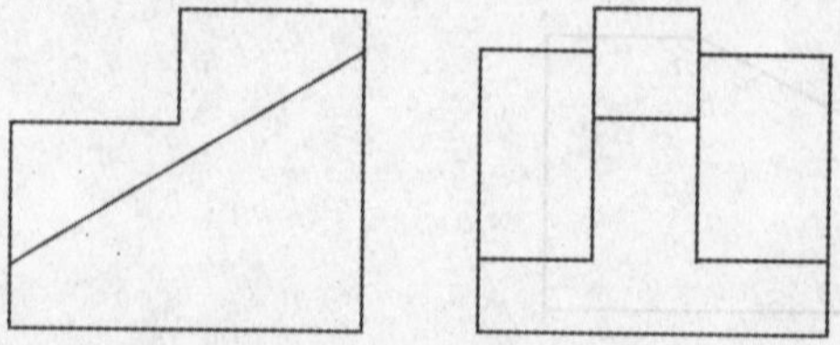

3.

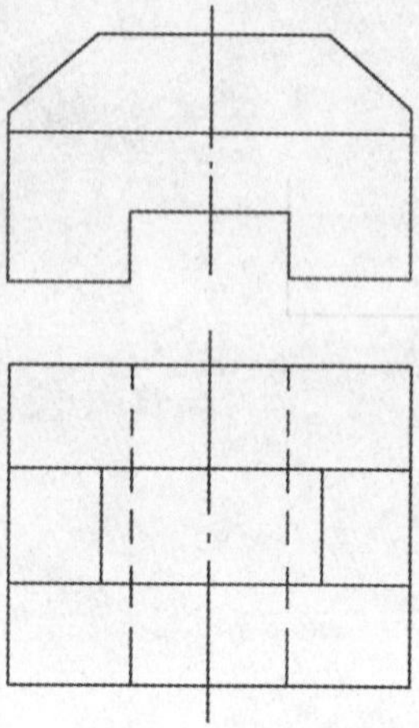

4.

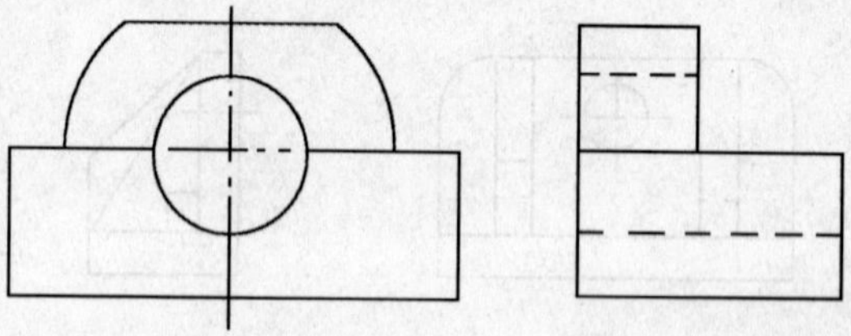

班级　　　　　　　　姓名　　　　　　　　学号

6.15 补画第三视图。

1.

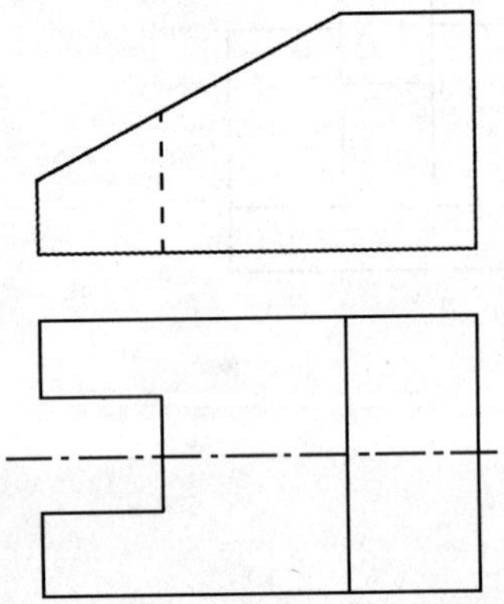

2.

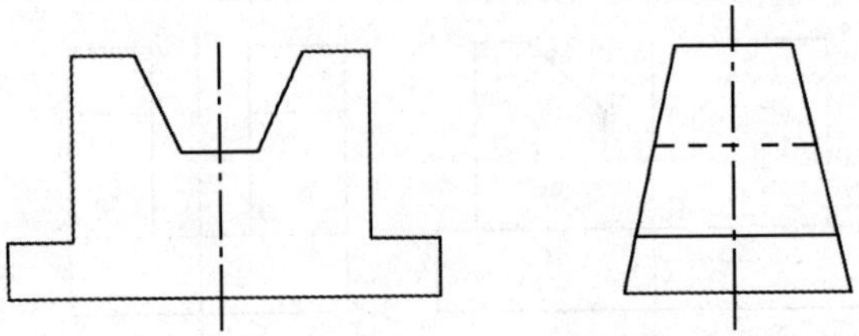

3.

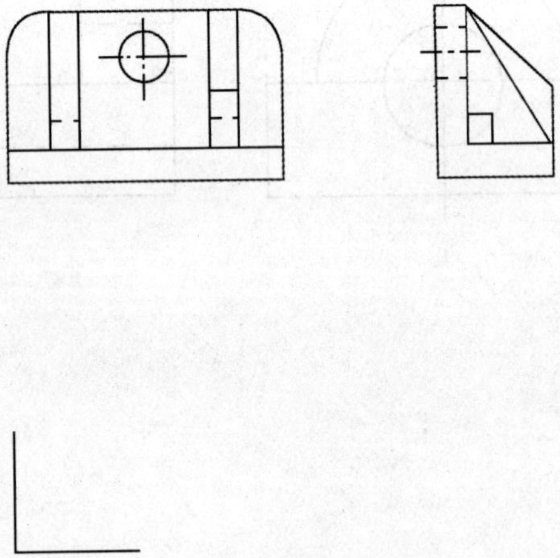

4.

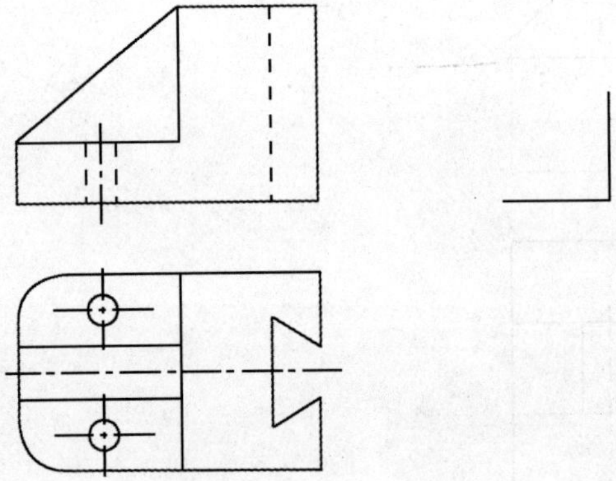

班级 姓名 学号

6.16　补画第三视图。

5.

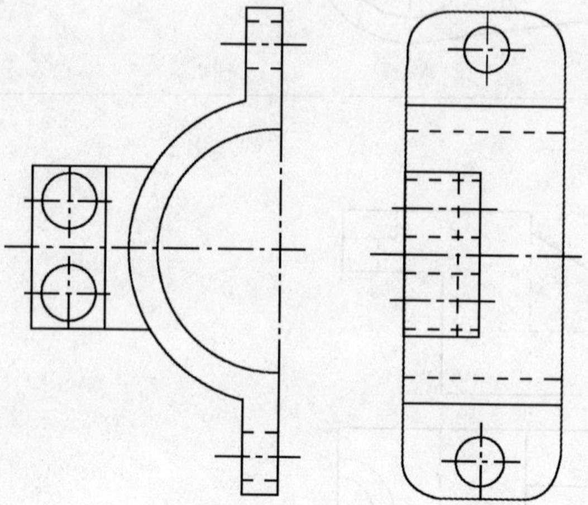

6.

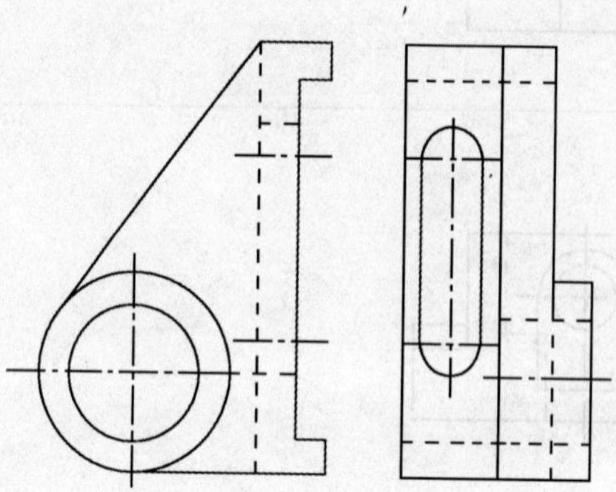

班级　　　　　　　　姓名　　　　　　　　学号

6.17 补画第三视图。

7.

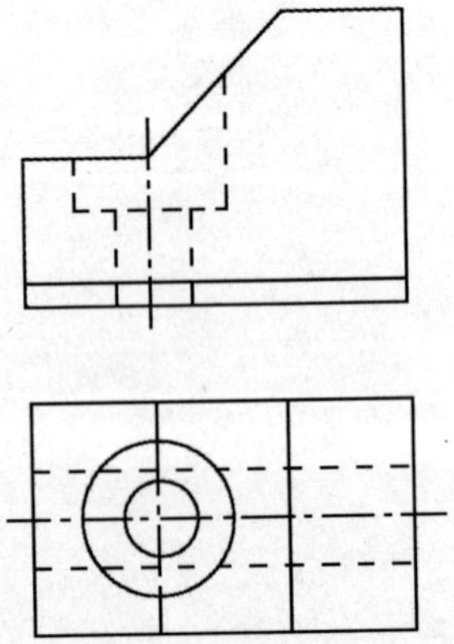

8.

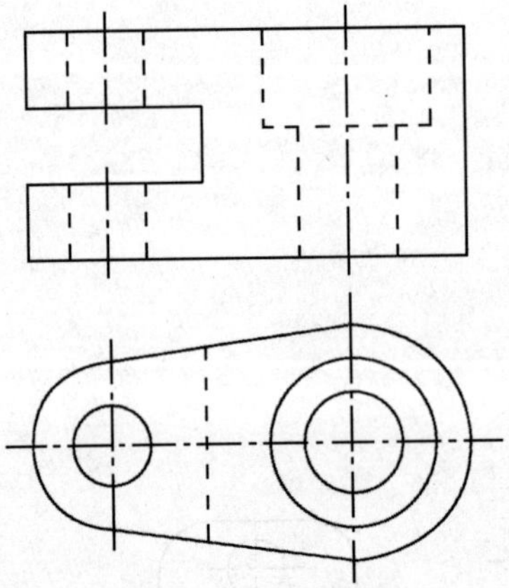

9.

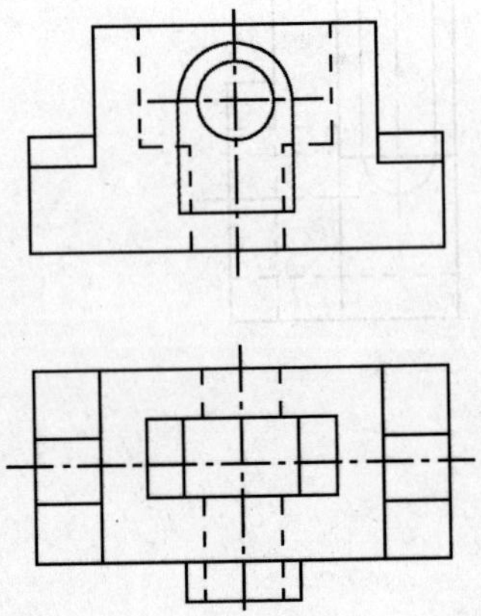

10.

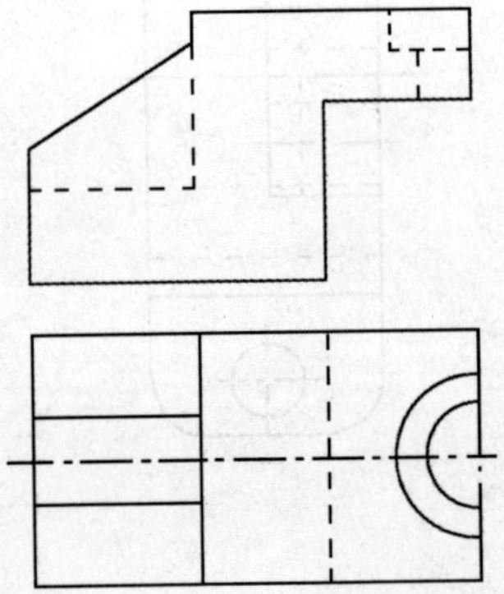

班级　　　　姓名　　　　学号

6.18 补画第三视图。

11.

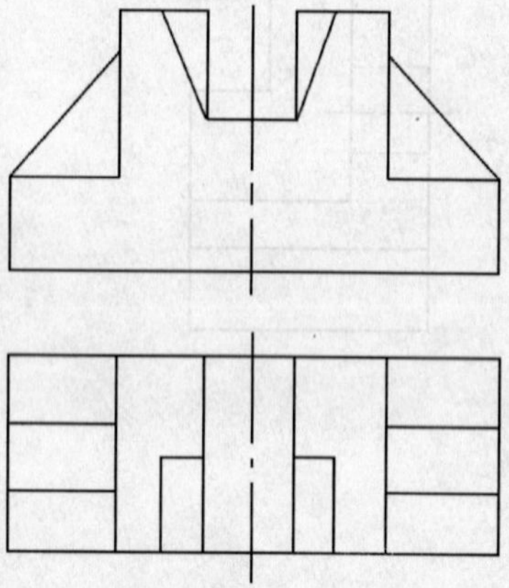

12.

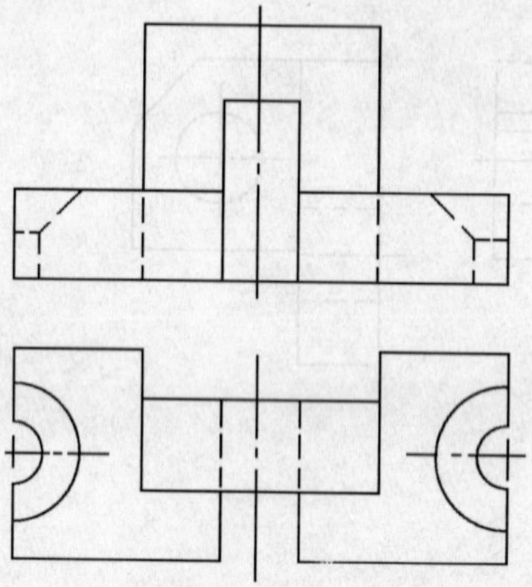

13.

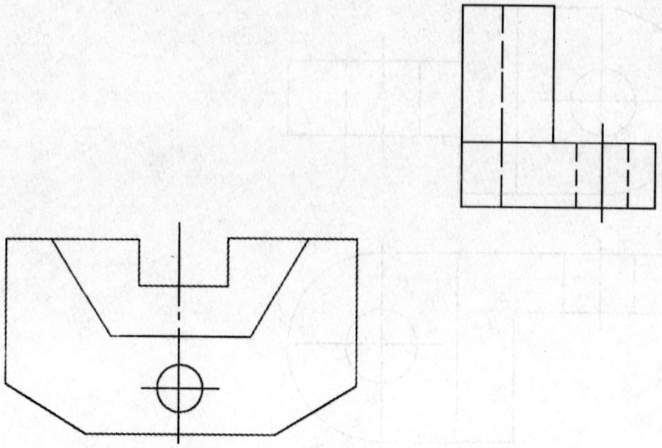

14.

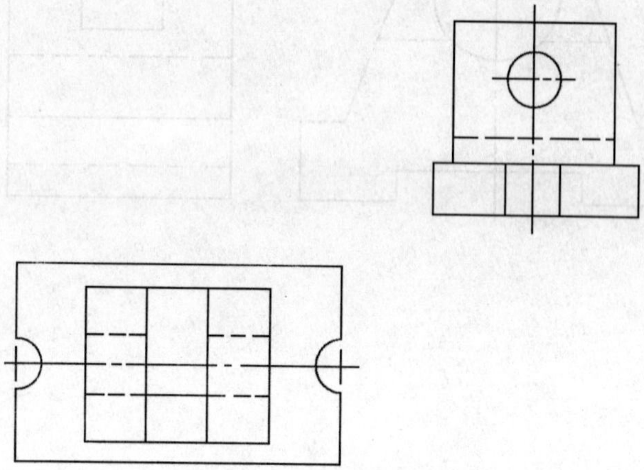

班级　　　　　　　　姓名　　　　　　　　学号

6.19 补画第三视图。

15.

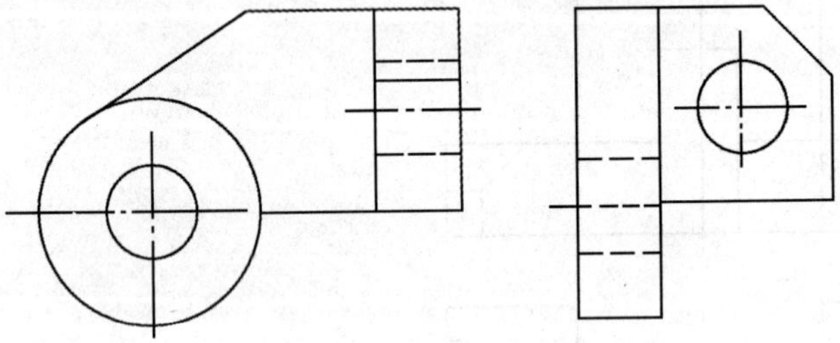

16.

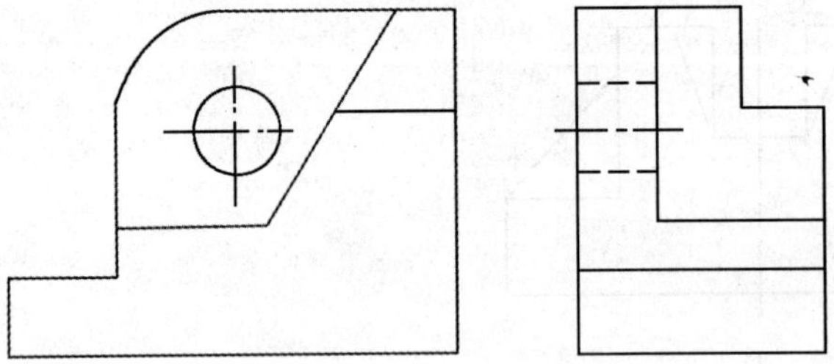

17.

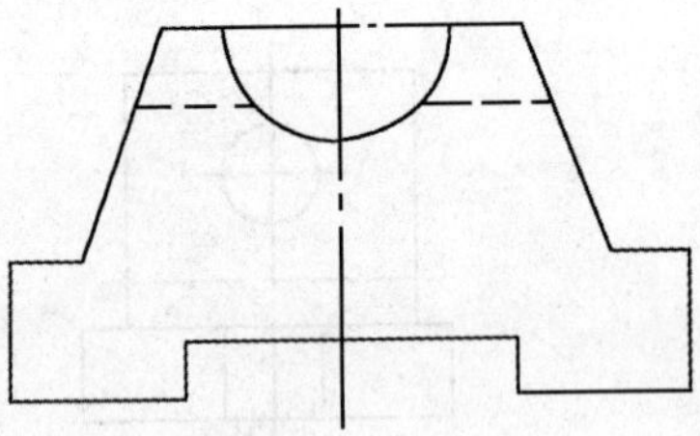

18.

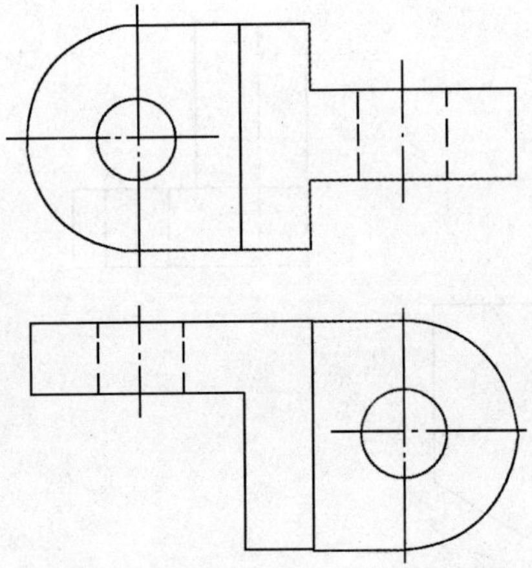

班级　　　　姓名　　　　学号

6.20 **绘图大作业，根据轴测图画组合体的三视图，并标注尺寸。**

作业指导

1. 作业目的：

(1)初步掌握由轴测图画组合体三视图的方法，提高画图的技能。

(2)练习组合体的尺寸标注。

2. 内容与要求：

(1)根据轴测图画三视图，并标注尺寸。

(2)图幅大小根据形体外形尺寸，绘图比例确定。

(3)自己确定绘图比例。

3. 作图步骤：

(1)对组合体进行形体分析。

(2)确定主视图的投射方向。

(3)布置视图位置，画底稿。

(4)检查底稿，描深。

(5)标注尺寸，填写标题栏。

4. 注意事项：

(1)布置视图时要注意留有标注尺寸的位置。

(2)要按步骤进行标注三类尺寸，布置要清晰。

(3)用标准字体标注尺寸数字、填写标题栏。

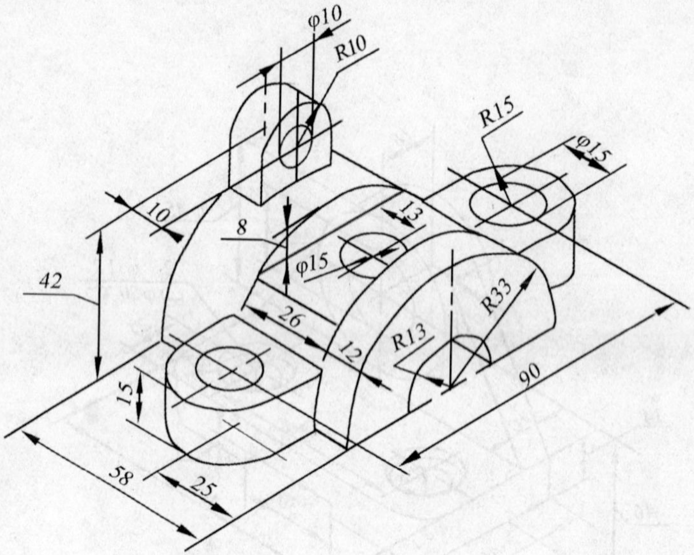

班级 姓名 学号

6.21　根据轴测图画组合体的三视图，并标注尺寸。

1.

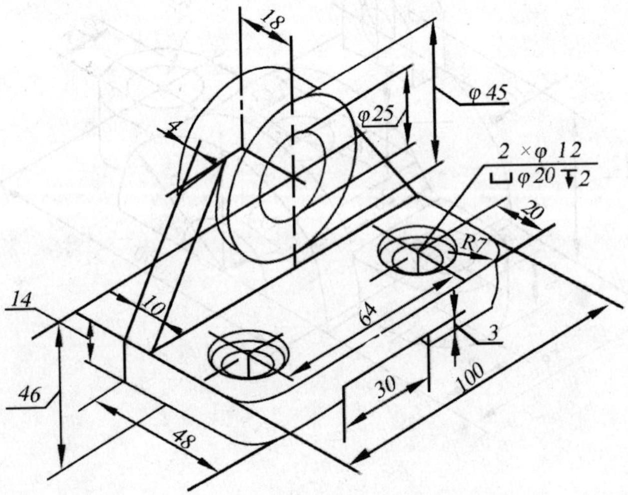

2.

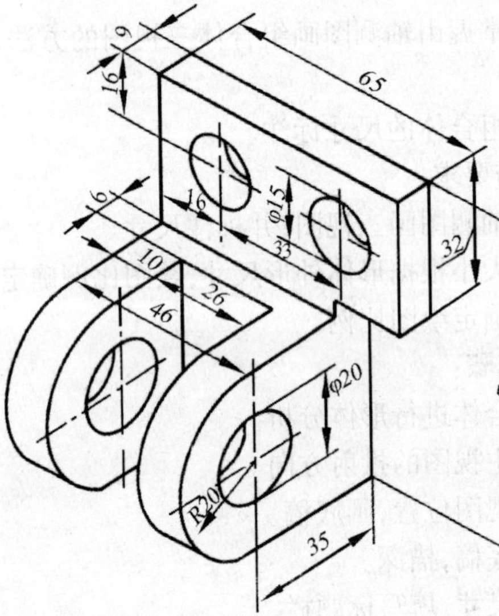

班级　　　　　　　　　　姓名　　　　　　　　　　学号

第七章 图样画法

7.1 参照轴测图根据主、俯、左三视图，补画右、后、仰三视图。

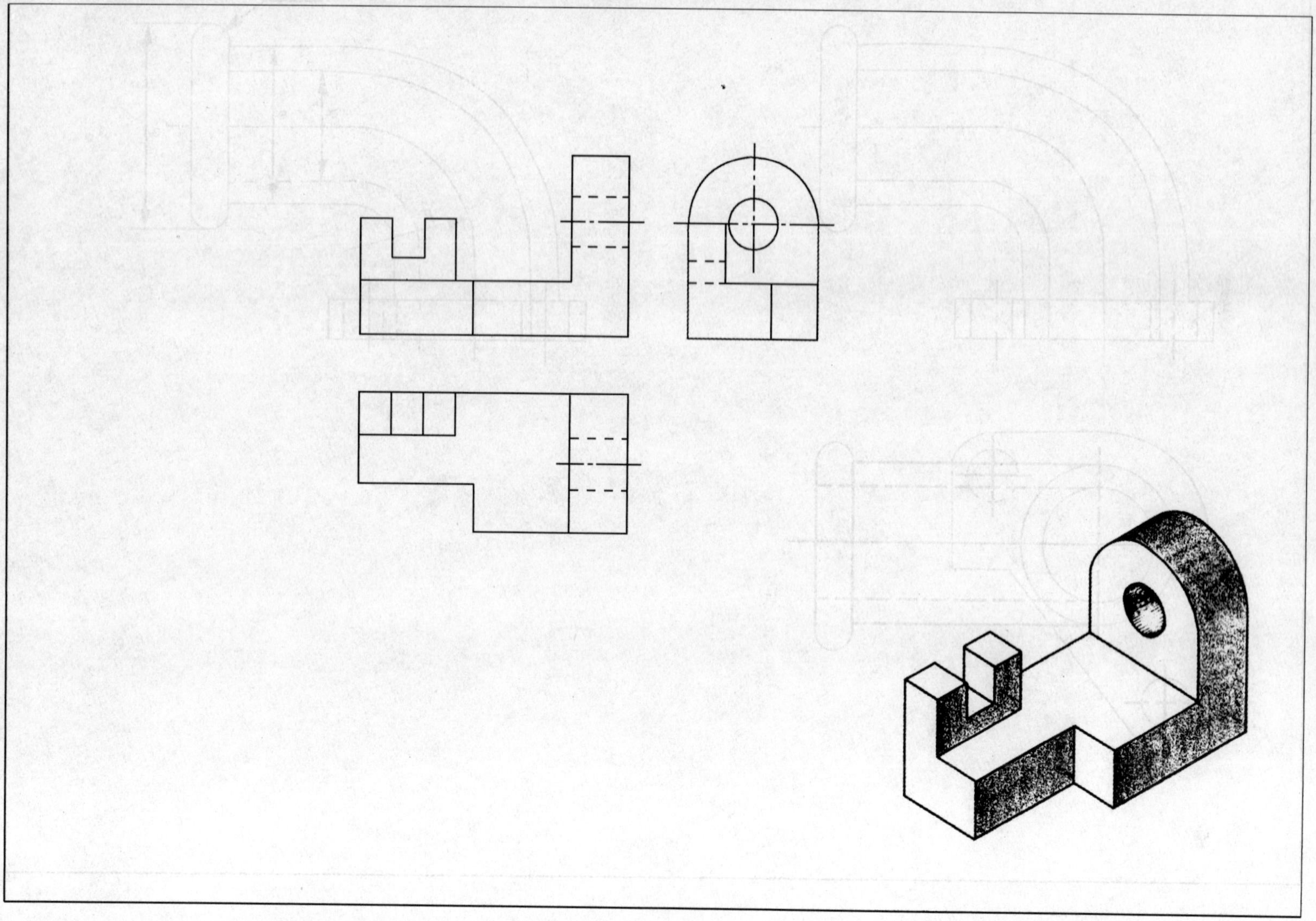

班级 姓名 学号

7.2 画出机件底板的“A”局部视图

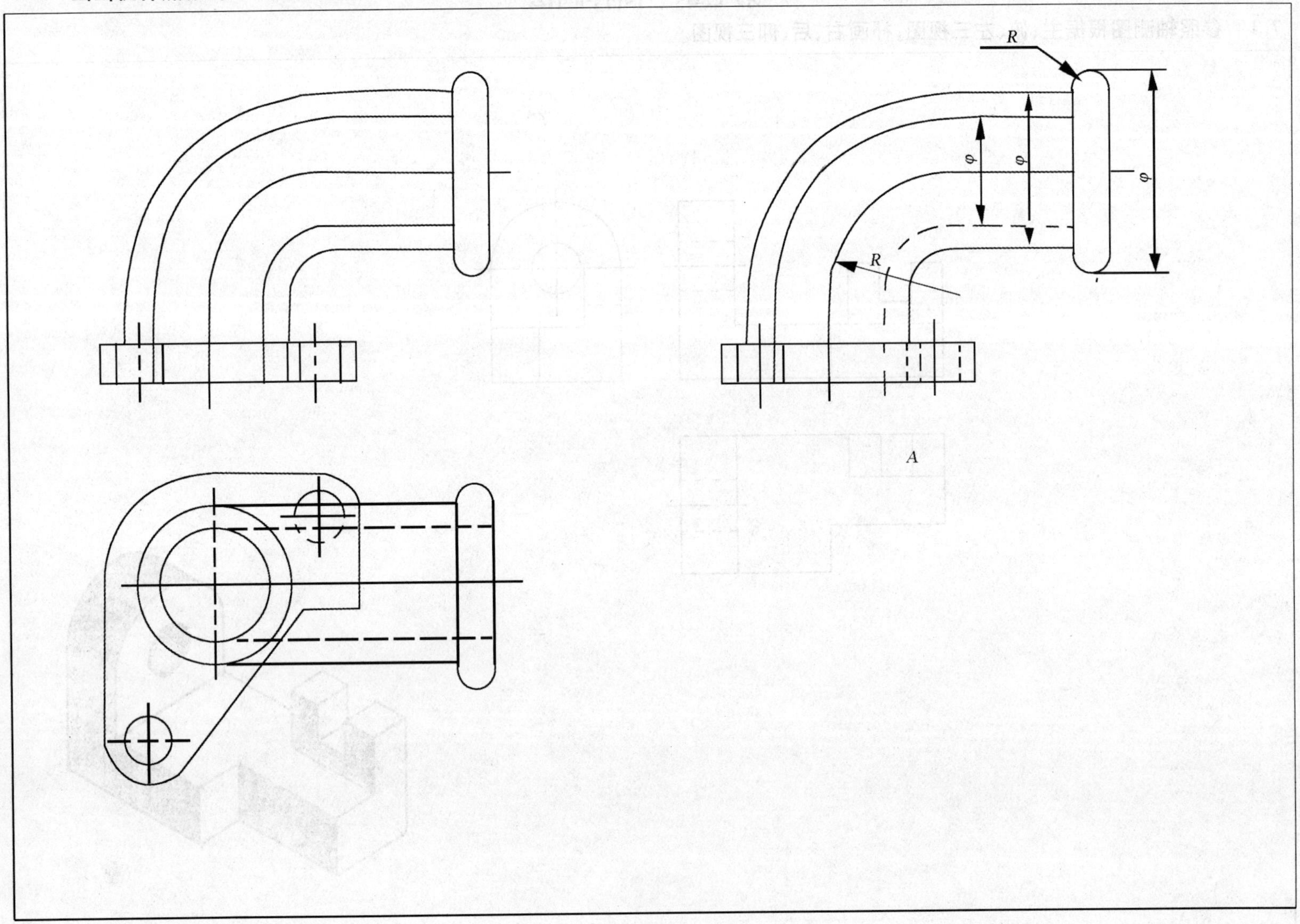

班级　　　　　　　　　　姓名　　　　　　　　　　学号

7.3　根据轴测图及图中的尺寸，作“A”斜视图与“B”局部视图。

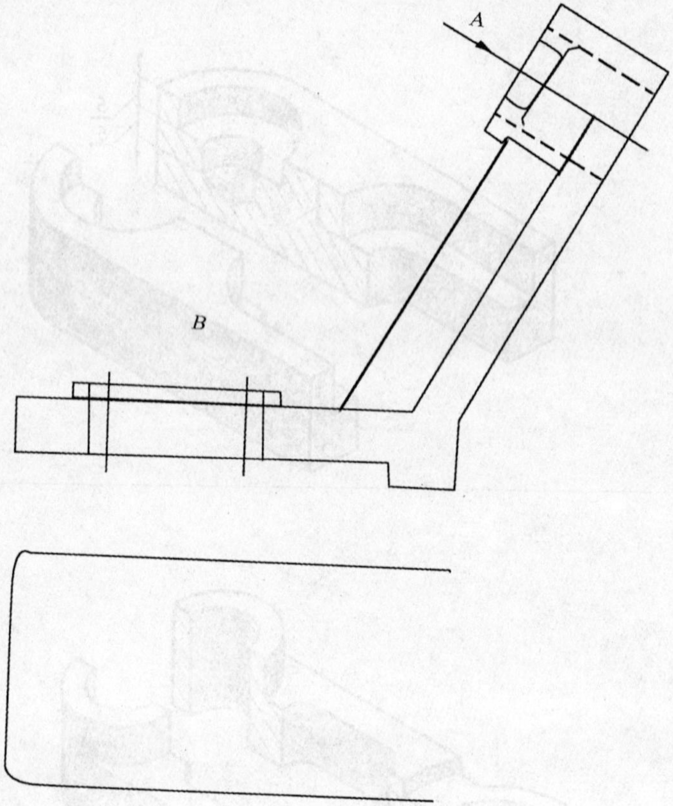

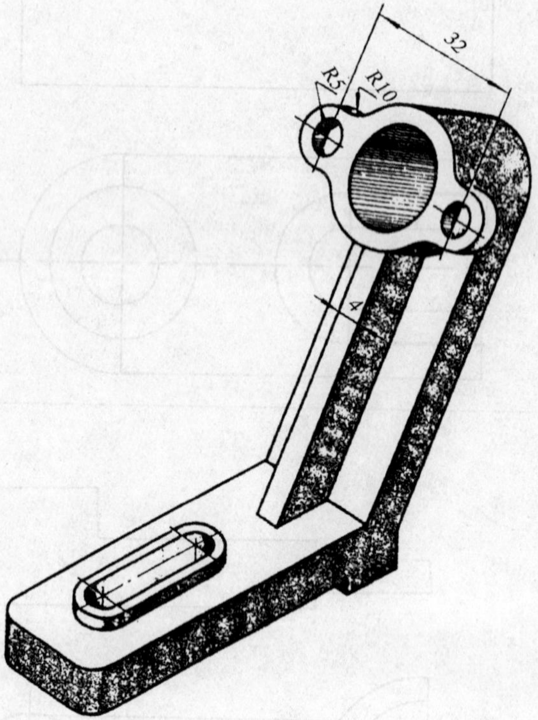

班级　　　　姓名　　　　学号

7.4　将主视图画成全剖视图。

1.

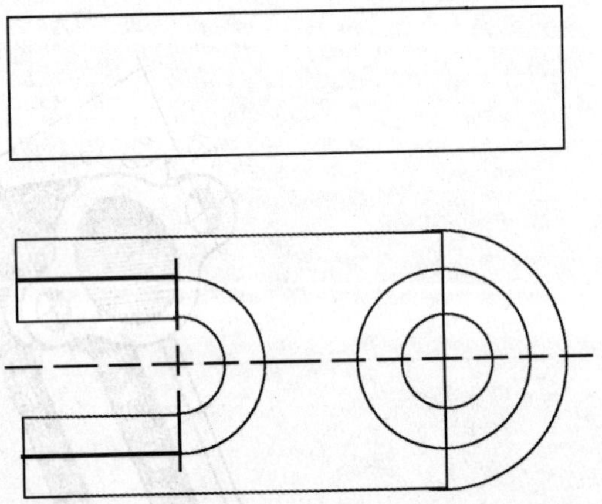

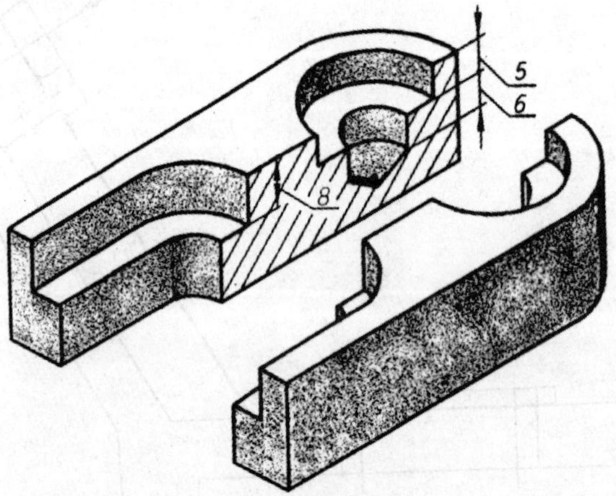

2.

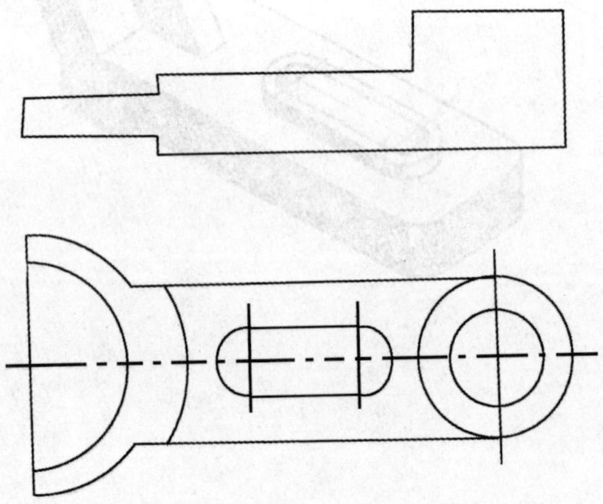

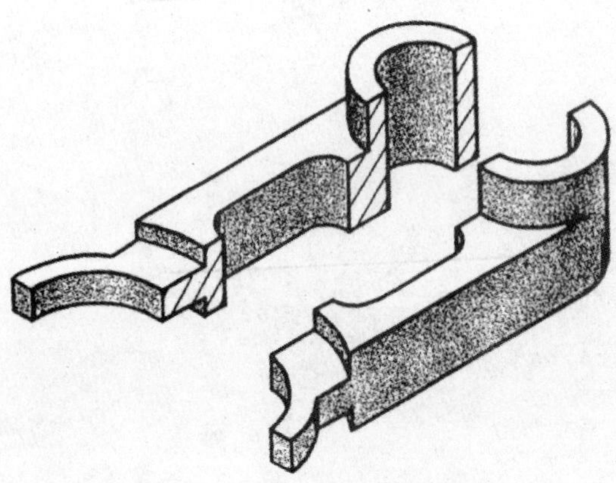

班级　　　　　　　　姓名　　　　　　　　学号

7.5 将主视图画成全剖视图。

1.

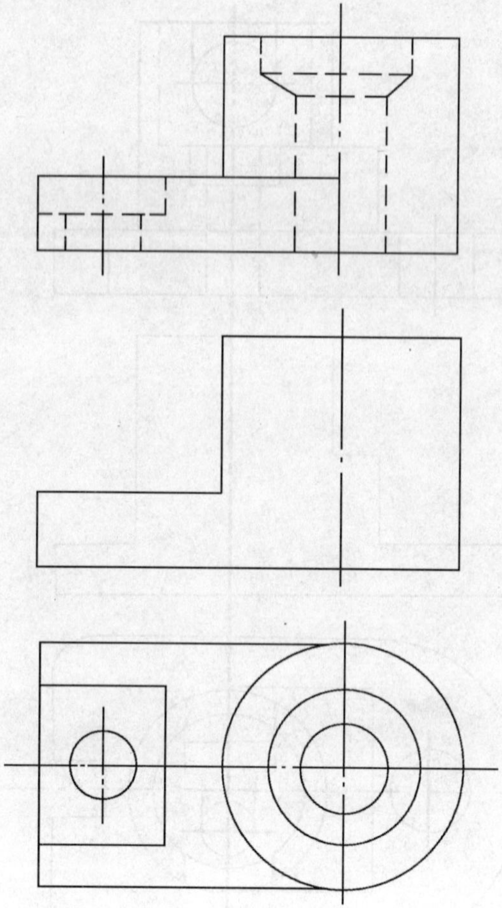

2.

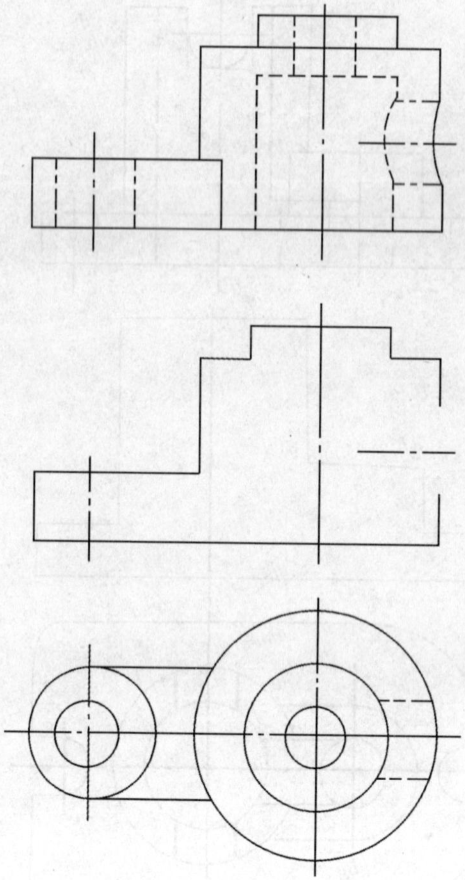

班级　　　　　　　　　　姓名　　　　　　　　　　学号

7.6 用单一剖切面，将主视图画成全剖视图。

1.

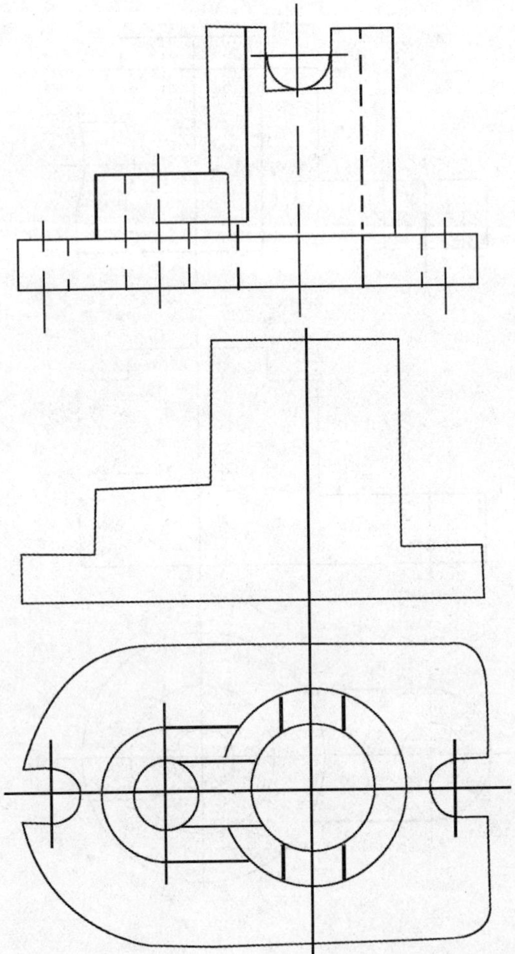

2.

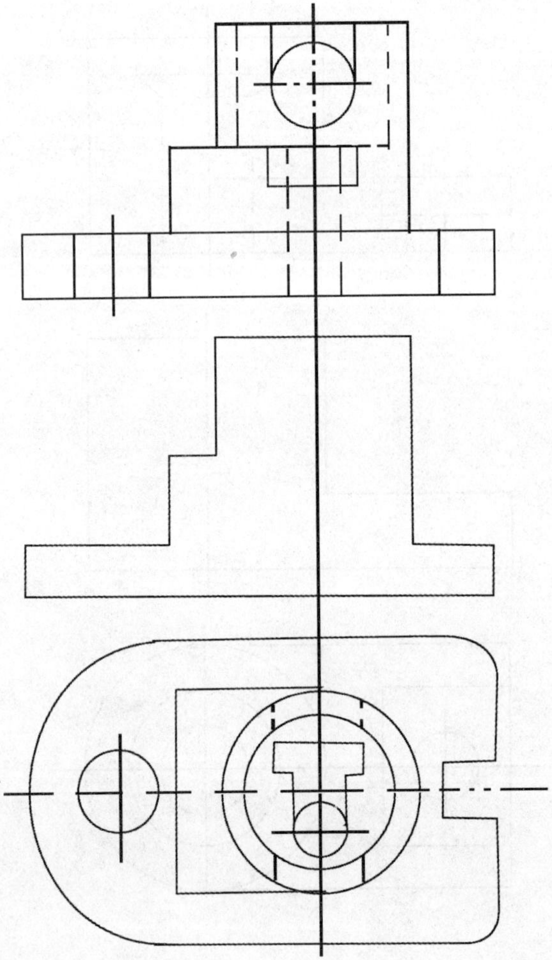

班级 姓名 学号

7.7 用阶梯剖将主视图画成全剖视图。

1.

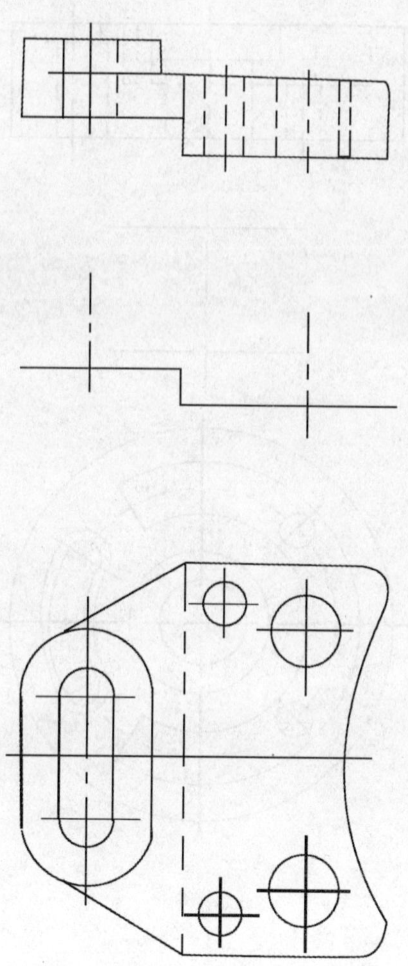

2.

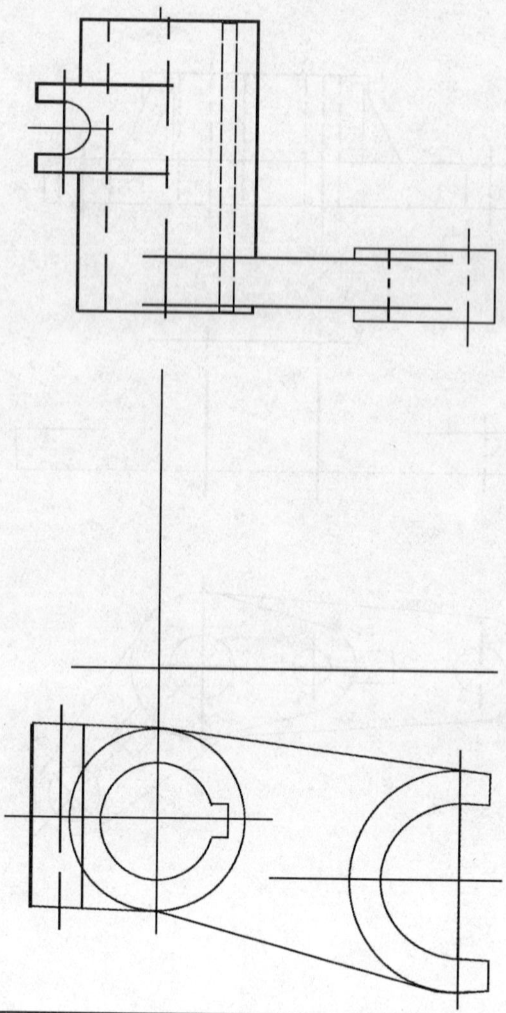

班级 姓名 学号

7.8　用几个相交 平面剖切的方法将主视图改为合适的剖视图。

1.

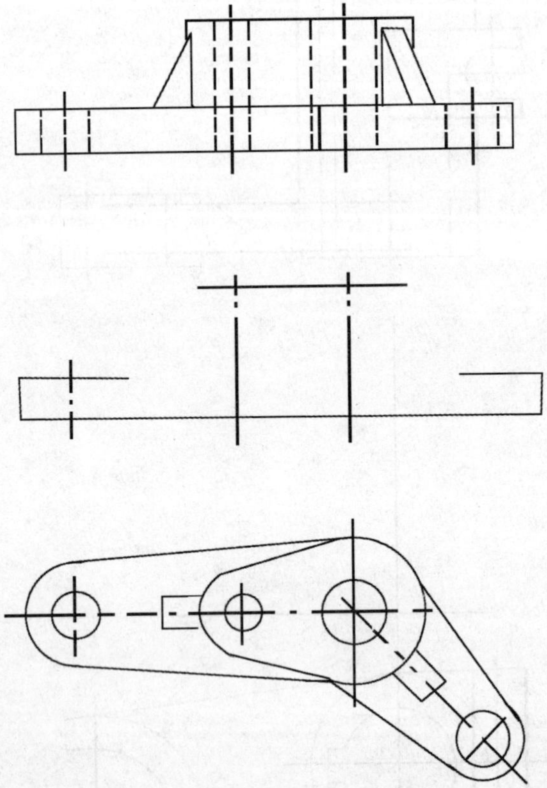

2.

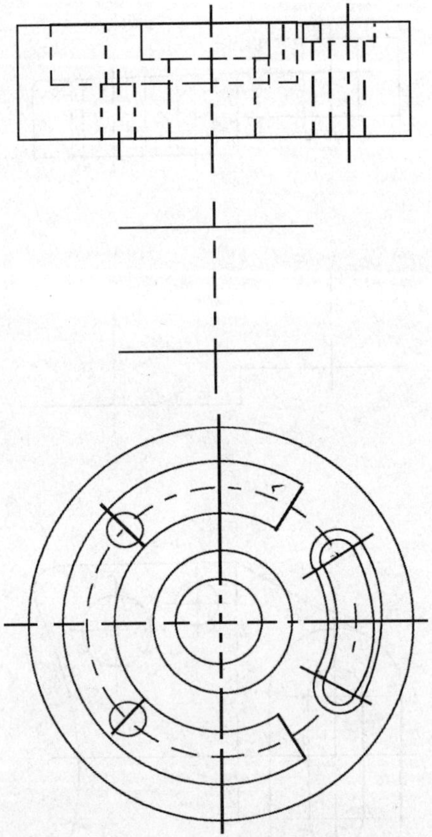

班级　　　　　　　　姓名　　　　　　　　学号

7.9 用单一剖切面的方法，将主视图画成半剖视图。

1.

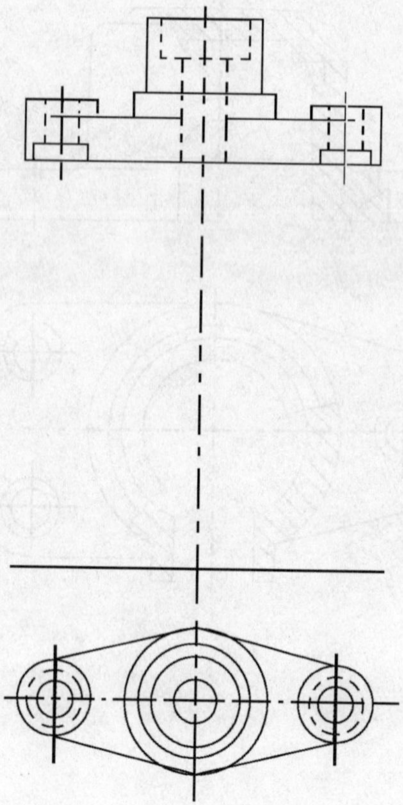

2.

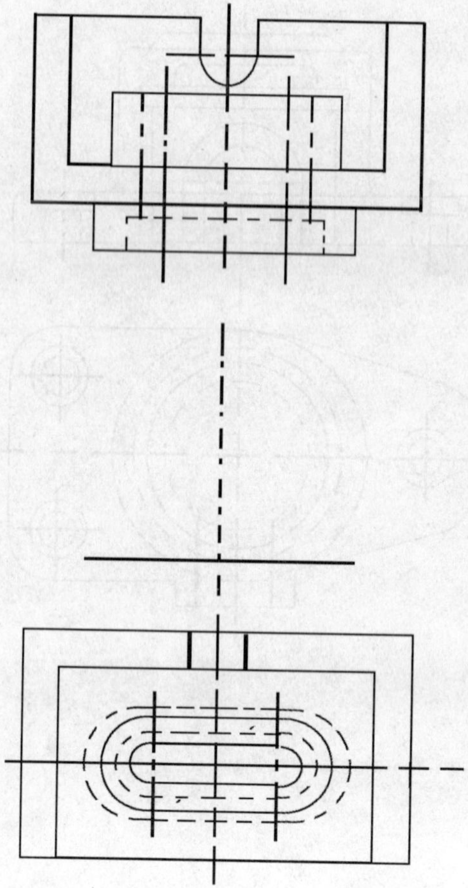

班级　　　　姓名　　　　学号

7.10 根据图 1 所给视图,改正图 2 中的局部剖视图的错误。

1.

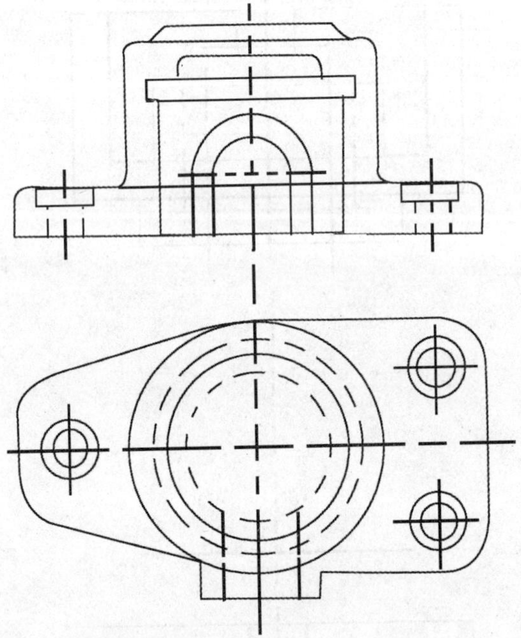

2.

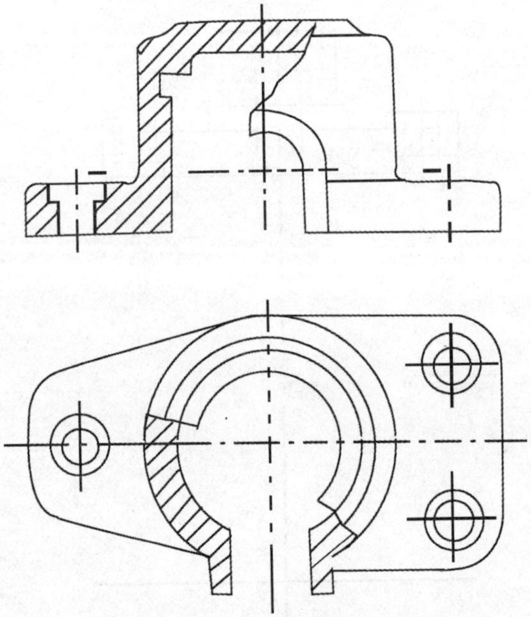

班级 姓名 学号

7.11 将视图改为局部剖视图。

1.

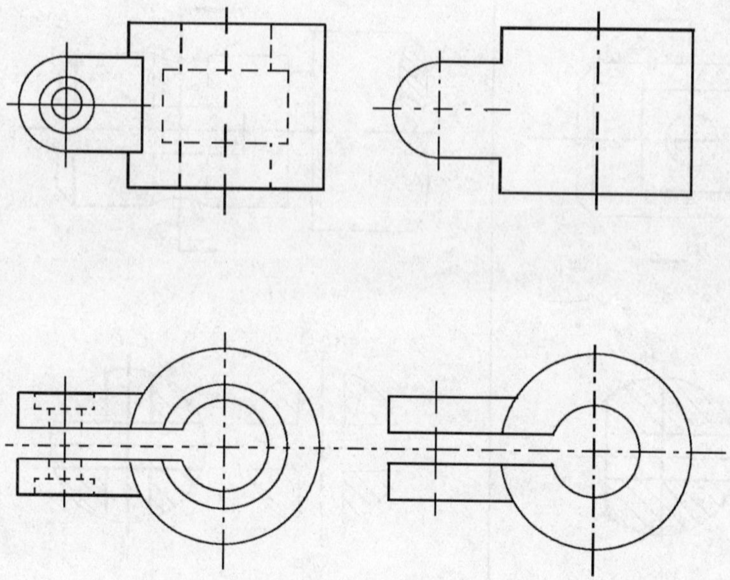

2.

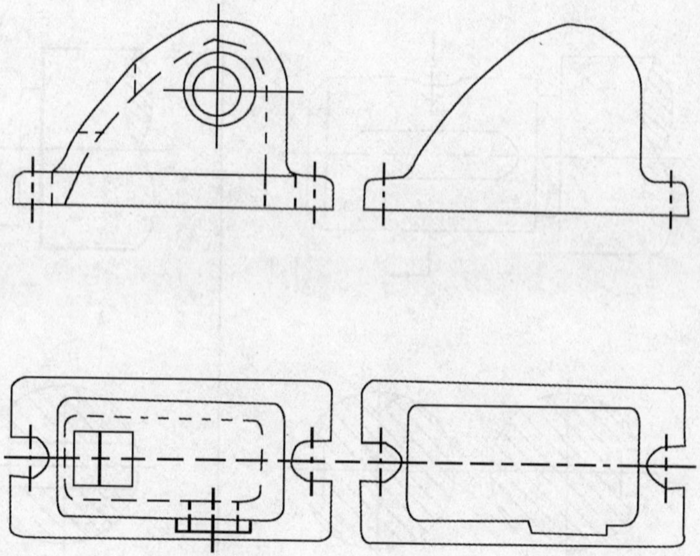

班级 姓名 学号

7.12　选出主视图下方正确的断面图。

1.

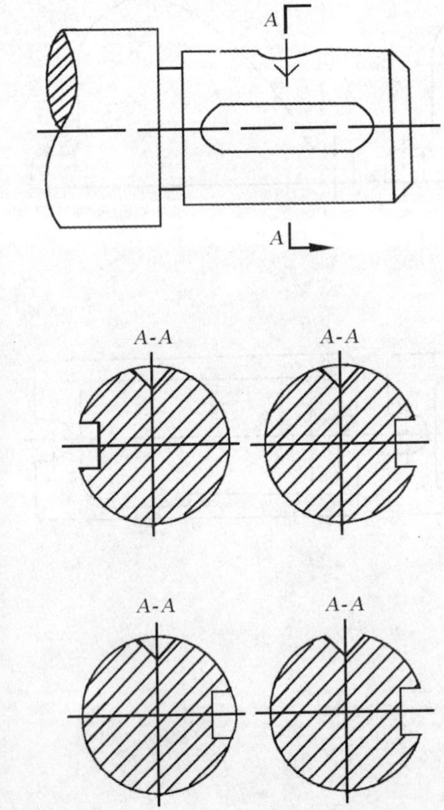

2.

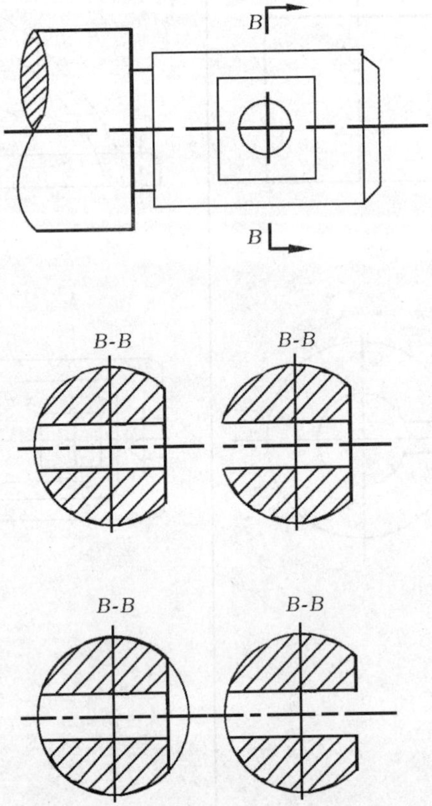

3.

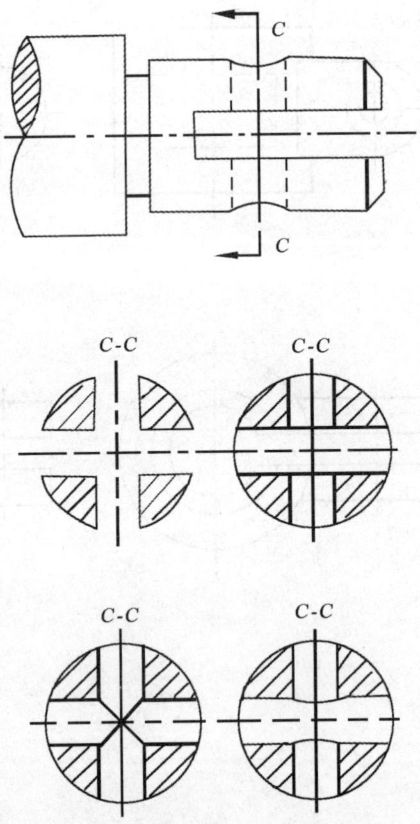

班级　　　　姓名　　　　学号

7.13 在指定位置画出断面图且标注(左键槽深 4,右键槽深 3.5)尺寸在图中按 1:1 的比例量取。

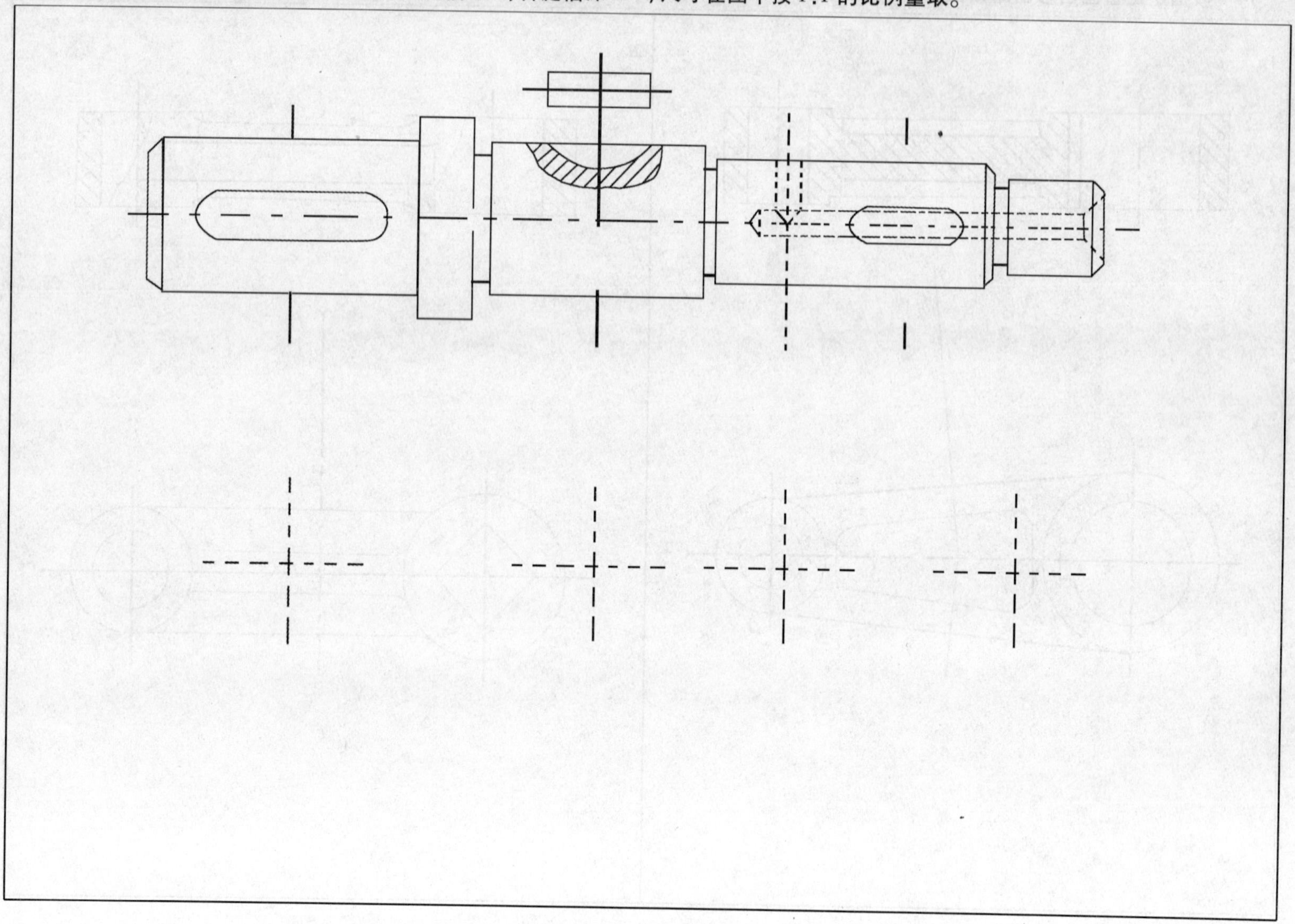

班级　　　　姓名　　　　学号

7.14 按指定位置画出移出断面图，尺寸在图中按 1:1 的比例量取。

1.

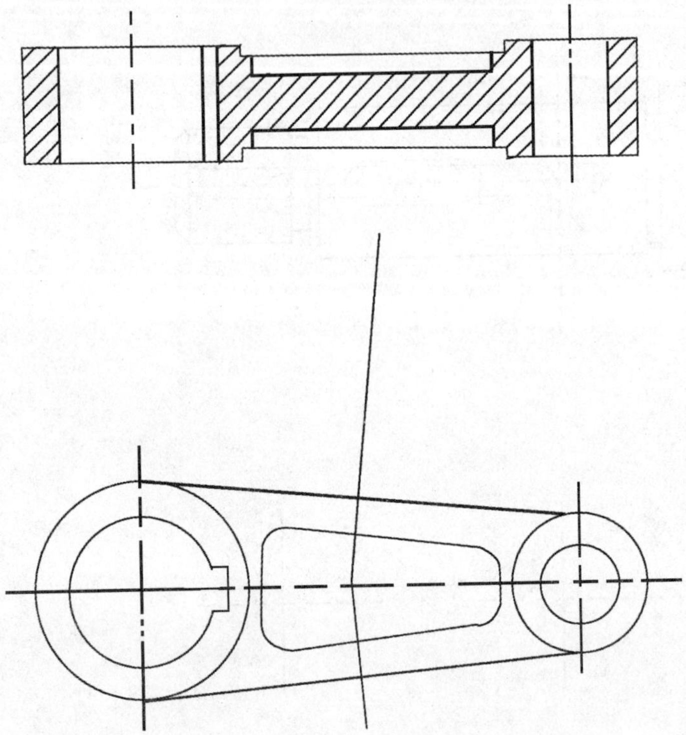

2.

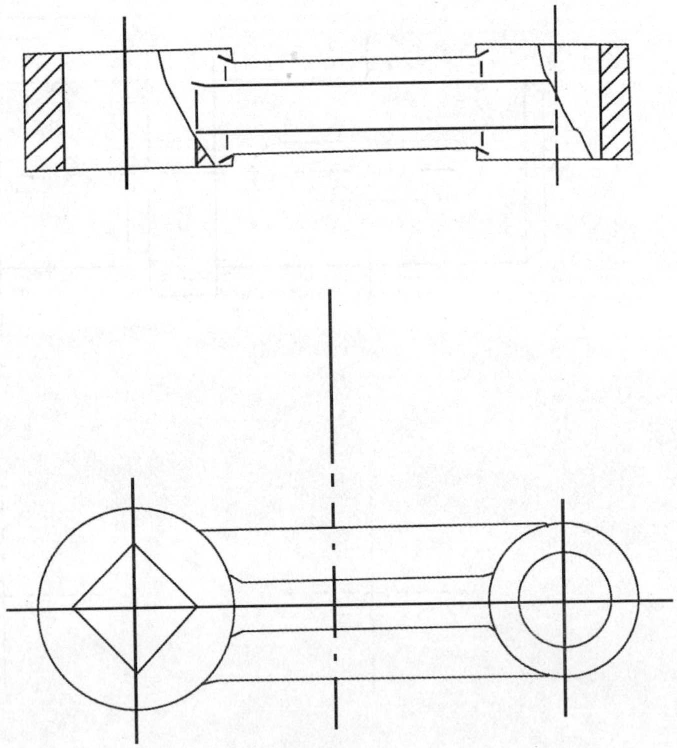

班级　　　　　　　　姓名　　　　　　　　学号

7.15 下图是按 1 ：1 比例绘制的，将图中指定部位按比例 2 ：1 放大画出。

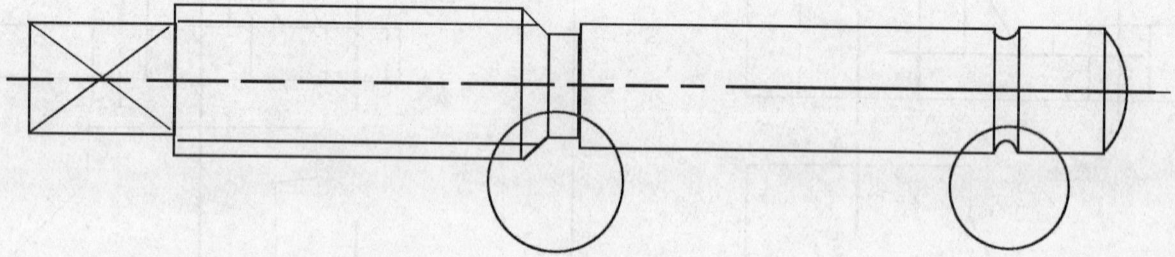

班级 姓名 学号

7.16 采用简化画法，将主视图改为全剖视图。

1. 在指定位置画出全剖视图(采用简化画法)

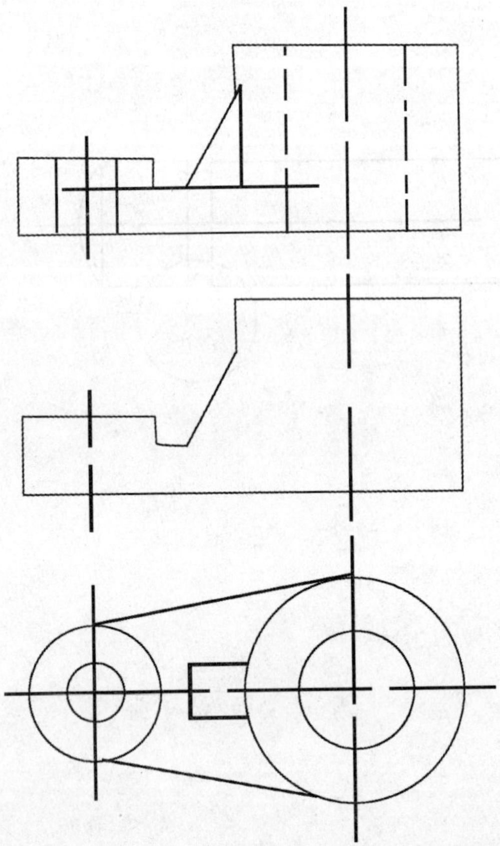

2. 在指定位置画出全剖视图(采用简化画法)

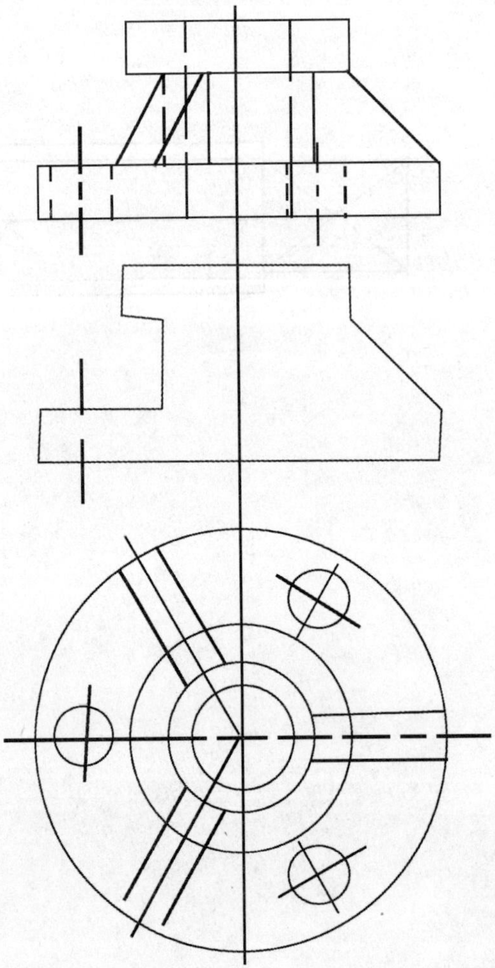

班级　　　　姓名　　　　学号

7.17 试用简化画法重新表达三通管。

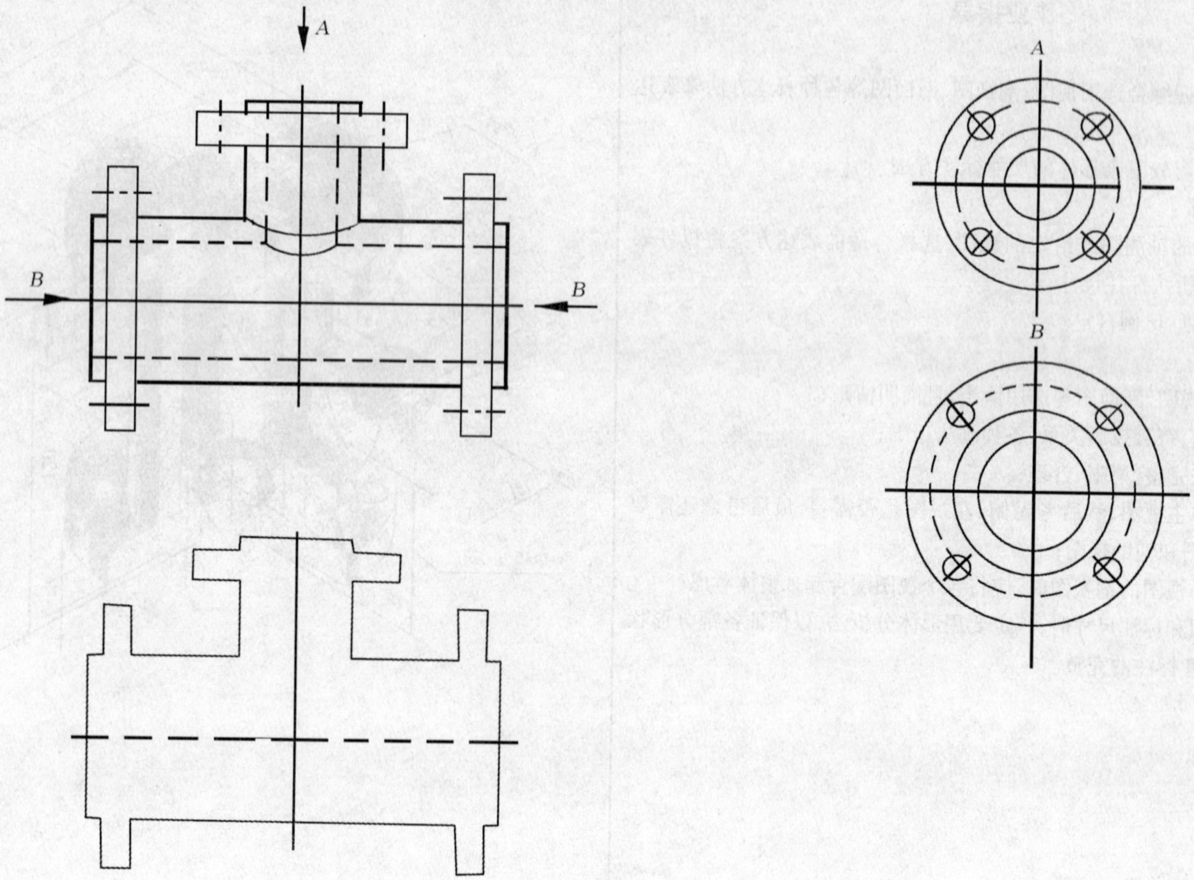

班级 姓名 学号

7.18 **机件表达方法大作业题。**

作业指导

1. 作业目的：

(1)熟悉和掌握综合选用视图、剖视图、断面图等各种表达方法来表达机件；

(2)进一步练习较复杂形体的尺寸标注方法。

2. 内容与要求：

(1)根据机件的轴测图或给定的视图，选择合适的表达方案将机件表达清楚，用形体分析法标注尺寸；

(2)用A3图纸，比例自定。

3. 注意事项：

(1)视图、剖视图、断面图等选用恰当，且简明清晰；

(2)图形准确，符合投影关系，各种画法正确；

(3)尺寸标注完整、清晰、合理；

(4)首先考虑主视图，然后考虑俯、左视图是否需要，最后考虑还需要增添哪些基本视图和辅助视图；

(5)选择每个视图的剖视图时，应将各个视图配合起来整体考虑；

(6)选择视图和标注尺寸时，一定要用形体分析法，以保证各部分形状都表达清楚和尺寸标注的完整。

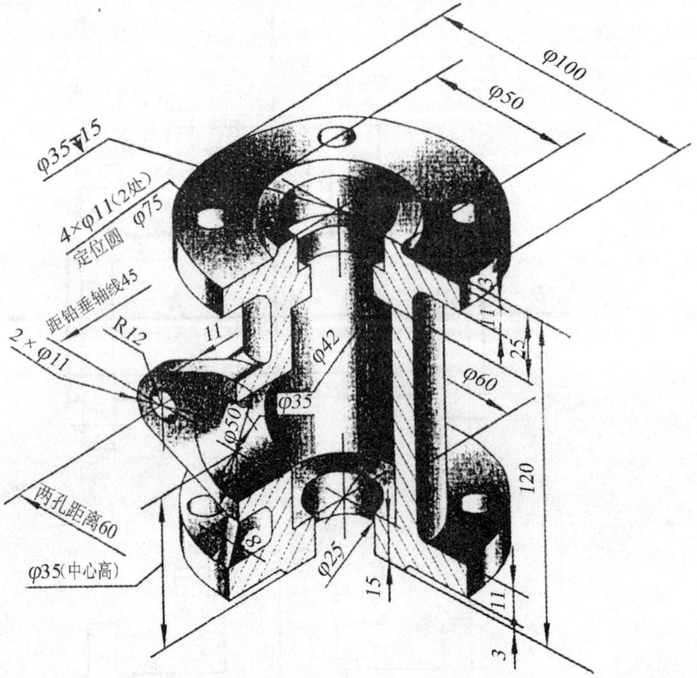

班级　　　　姓名　　　　学号

7.19　机件表达方法大作业(附页 1)。

1.

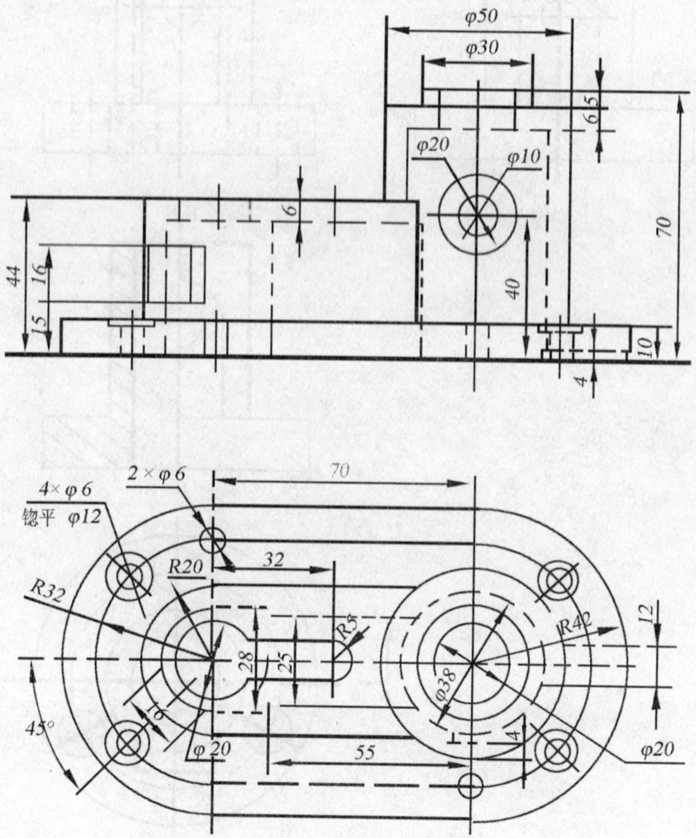

2.

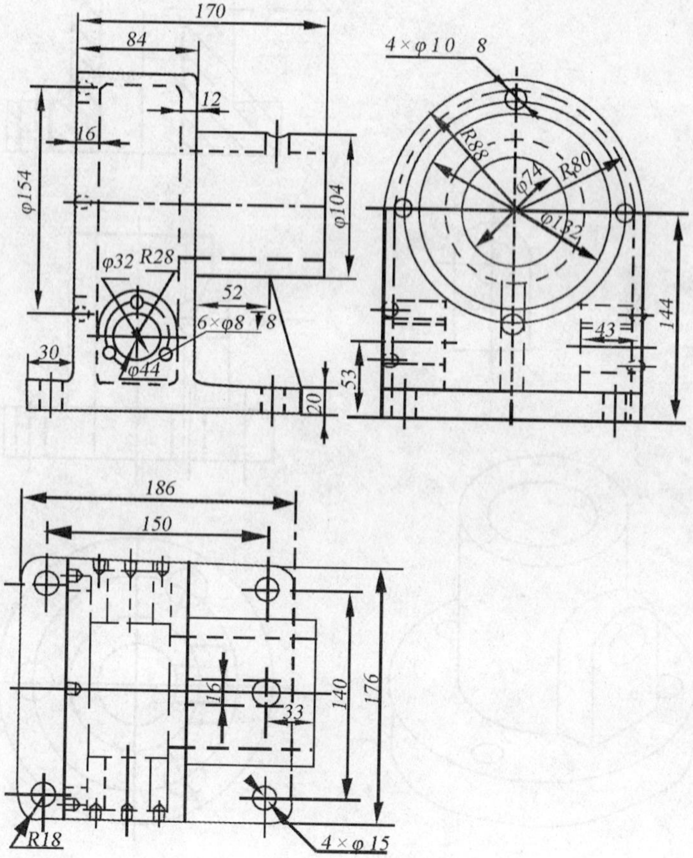

班级　　　　　　　　姓名　　　　　　　　学号

7.20　根据轴测图选择一个较好的表达方案(在相应括号内画"√")。

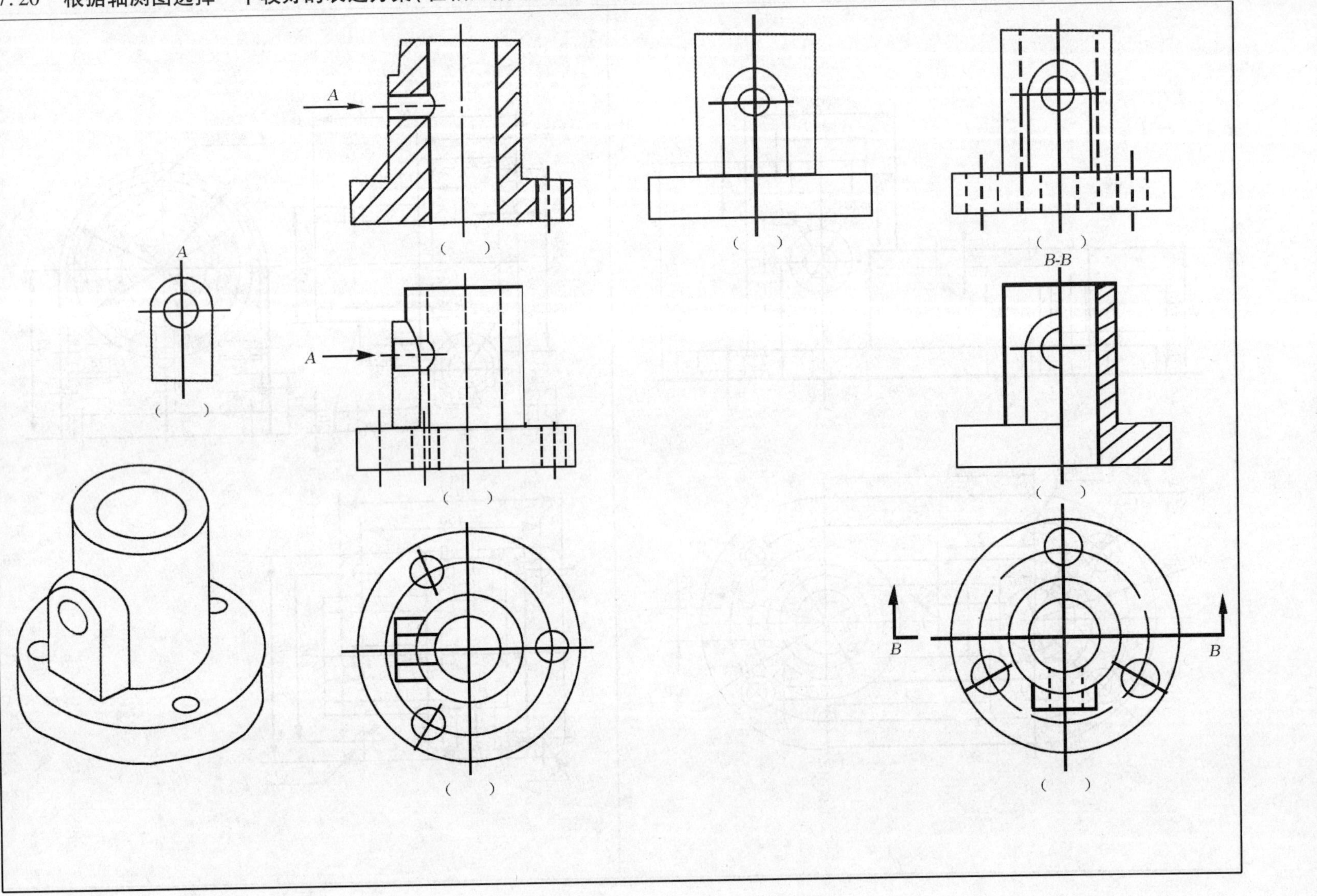

班级　　　　　　　　　　姓名　　　　　　　　　　学号

第8章　零件图

8.1　根据所给条件，填写表内空格。

	基孔制						基轴制					
	$\Phi 50\frac{H7}{s6}$		$\Phi 50\frac{H7}{js6}$		$\Phi 50\frac{H7}{f6}$		$\Phi 50\frac{S7}{h6}$		$\Phi 50\frac{JS7}{h6}$		$\Phi 50\frac{F7}{h6}$	
	孔	轴	孔	轴	孔	轴	轴	孔	轴	孔	轴	孔
	$\Phi 50^{+0.025}_{0}$	$\Phi 50^{+0.059}_{+0.043}$	$\Phi 50^{+0.025}_{0}$	$\Phi 50^{+0.008}_{-0.008}$	$\Phi 50^{+0.025}_{0}$	$\Phi 50^{-0.025}_{-0.041}$	$\Phi 50^{0}_{-0.016}$	$\Phi 50^{-0.034}_{-0.059}$	$\Phi 50^{0}_{-0.016}$	$\Phi 50^{+0.012}_{-0.012}$	$\Phi 50^{0}_{-0.016}$	$\Phi 50^{+0.05}_{+0.025}$
基本尺寸												
最大极限尺寸												
最小极限尺寸												
上偏差												
下偏差												
公差												
极限间隙或过盈												
配合公差												

班级　　　　　　　　姓名　　　　　　　　学号

8.2 解释配合代号的含义,查表得到偏差值后标注在零件图上。

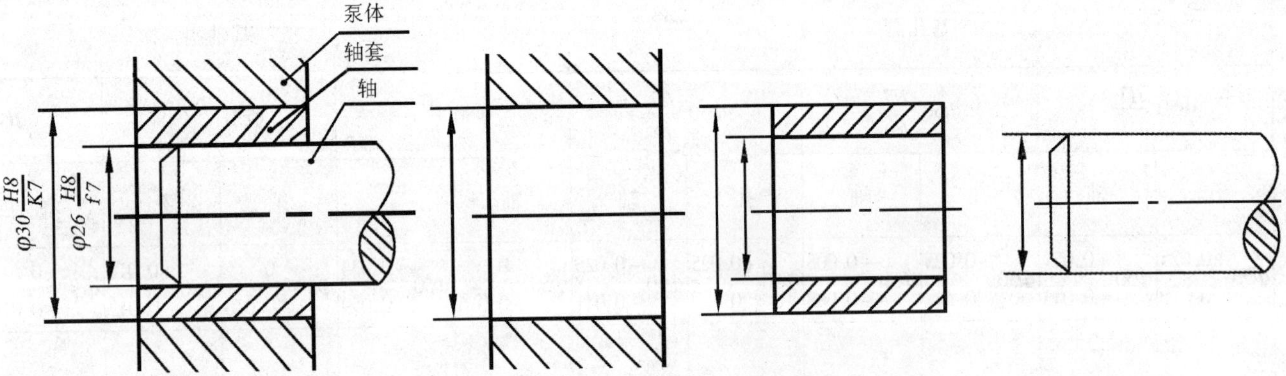

(1)轴承与泵体孔 $\Phi30\ \frac{H8}{k7}$

基本尺寸_______,基准制_______;

公差等级:轴 IT ____级,孔 IT ____级,_______配合;

轴套:上偏差_______,下偏差_______;

泵体孔:上偏差_______,下偏差_______。

(2)轴套与轴 $\Phi26\ \frac{H8}{f7}$

基本尺寸_______,基准制_______;

公差等级:轴 IT ____级,孔 IT ____级,_______配合;

轴套:上偏差_______,下偏差_______;

轴:上偏差_______,下偏差_______。

班级 姓名 学号

8.3 根据轴和孔的偏差值，分别注出配合代号。

1.

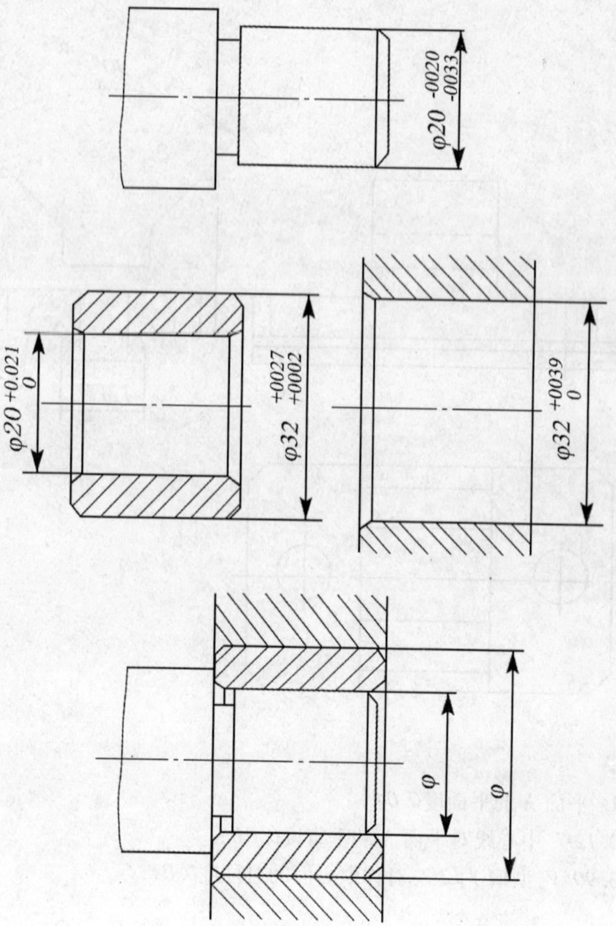

2.

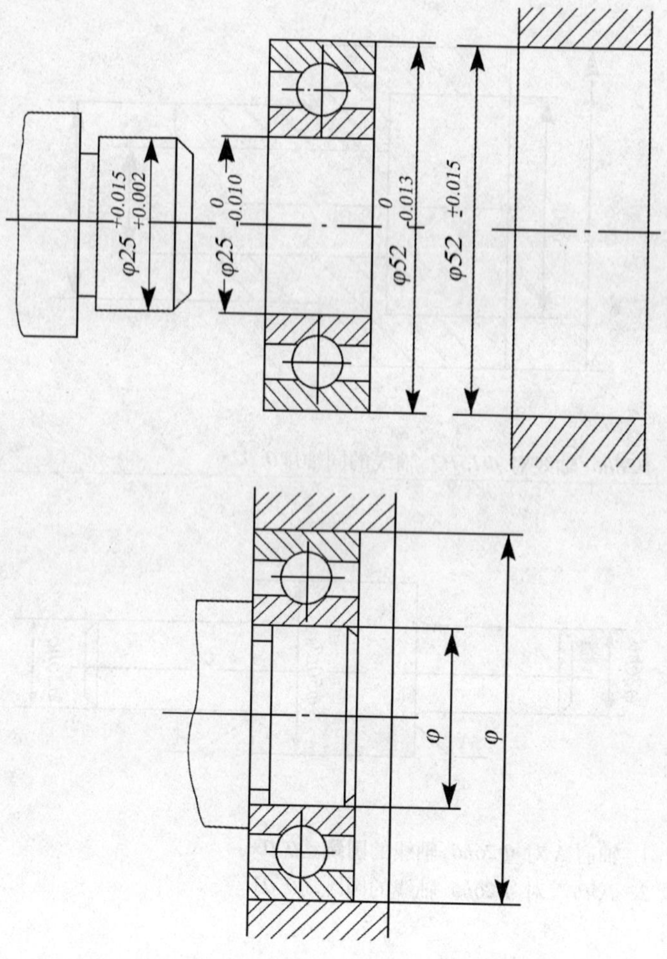

（注:轴承精度为 G 级）

班级　　　　　　　　姓名　　　　　　　　学号

8.4 把用文字说明的形位公差，用代号和框格形式标注在图上。

1.

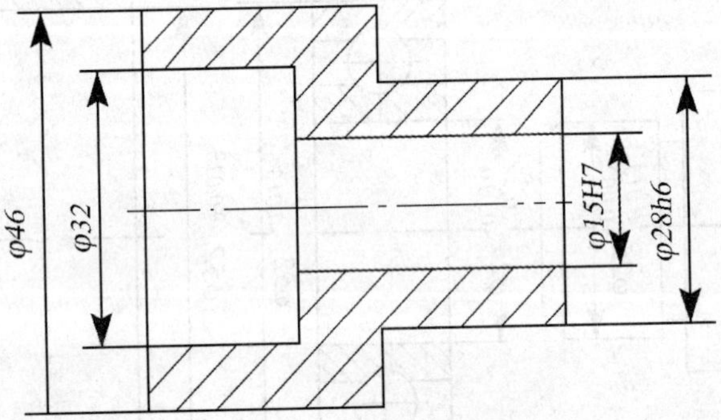

Φ28h6 轴线对 *Φ15H7* 轴线的同轴度*0.025* 。

2.

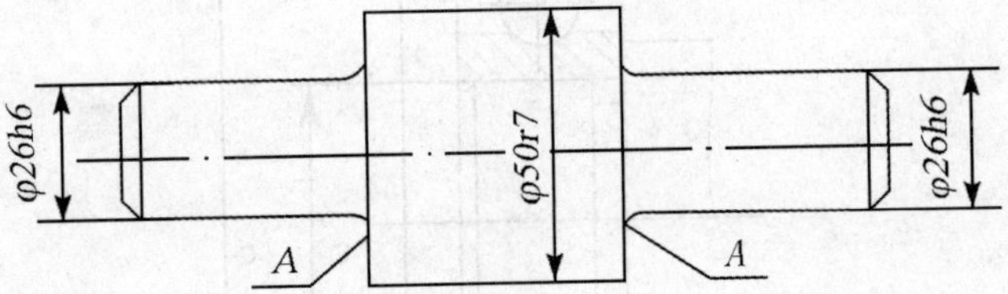

1. 轴肩 A 对 *Φ26h6* 轴线的圆跳动*0.03* ；
2. *Φ50r7* 对 *Φ26h6* 轴线的圆跳动*0.03* 。

3

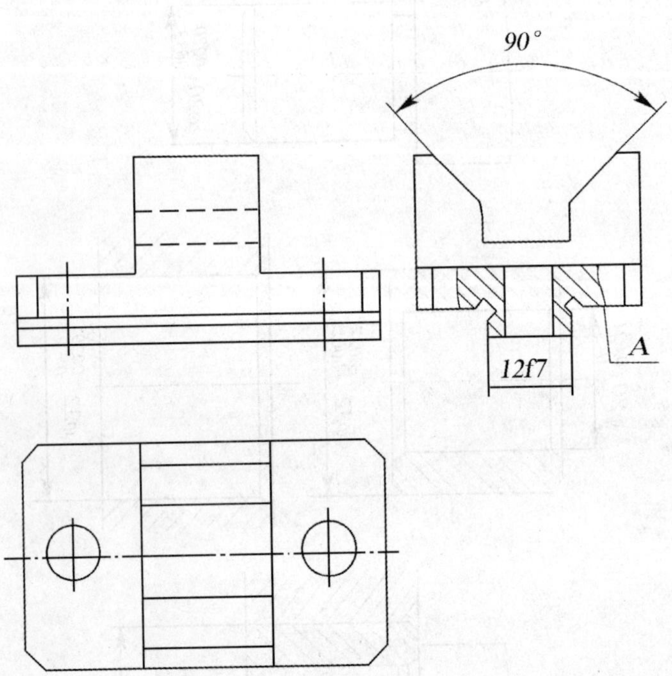

1. 平面 A 的平面度*0.04* ；
2. *12f7* 中心线对平面 A 的垂直度*0.01* ；
3. *90°V* 型槽 对*12f7* 对称中心面的对称度*0.04* 。

班级　　　　姓名　　　　学号

8.5　形状和位置公差。

1. 用文字说明图中公差框格标注的含义。

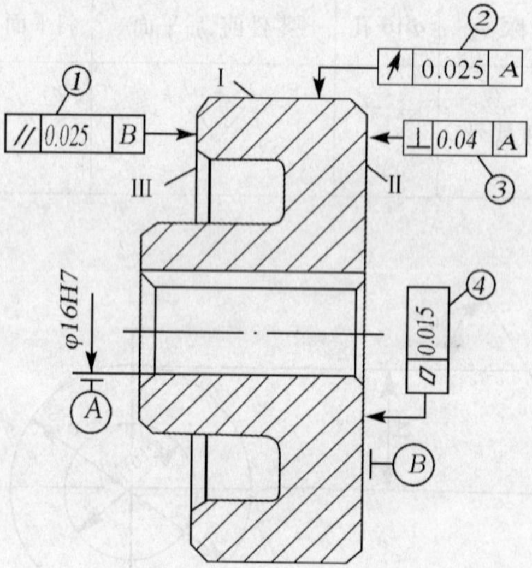

①______________

____

②______________

____

③______________

____

④______________

2. 将用文字说明的形位公差改用框格标注在图中。

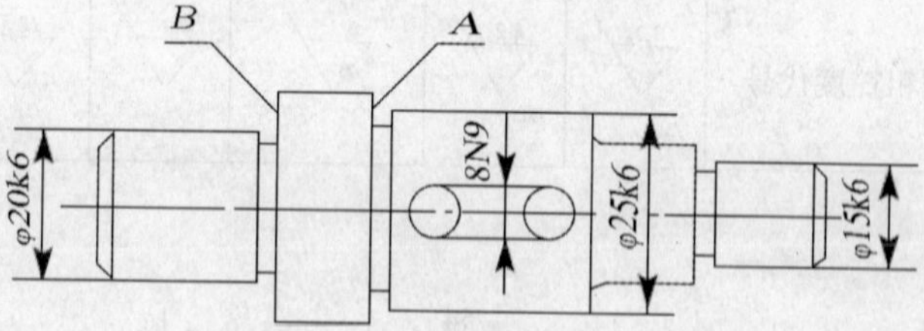

(1) Φ25k6 轴线对 Φ20k6 和 Φ15k6 公共轴线的同轴度公差值 Φ0.025；

(2) A 面对 Φ25k6 轴线垂直度公差值 0.05；

(3) B 面对 Φ20k6 轴线的端面圆跳动公差值 0.05；

(4) 槽对 Φ25k6 轴线的对称度公差值 0.01。

班级　　　　　　姓名　　　　　　学号

8.6　在图形上标注表面粗糙度

1.

表面名称	Φ28 孔	Φ20 孔	零件左端面	圆锥面	其余表面
表面粗糙度代号	3.2 √	3.2 √	6.3 √	6.3 √	12.5 √

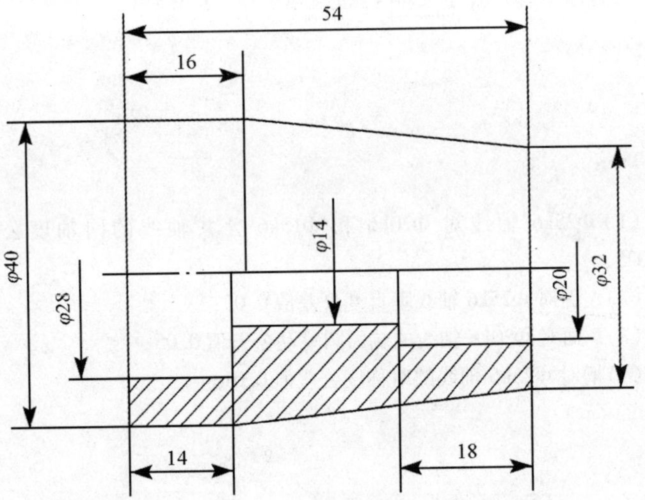

2.

表面名称	Φ16 孔	零件前、后平面	斜平面	其余表面
表面粗糙度代号	3.2 √	6.3 √	6.3 √	○√

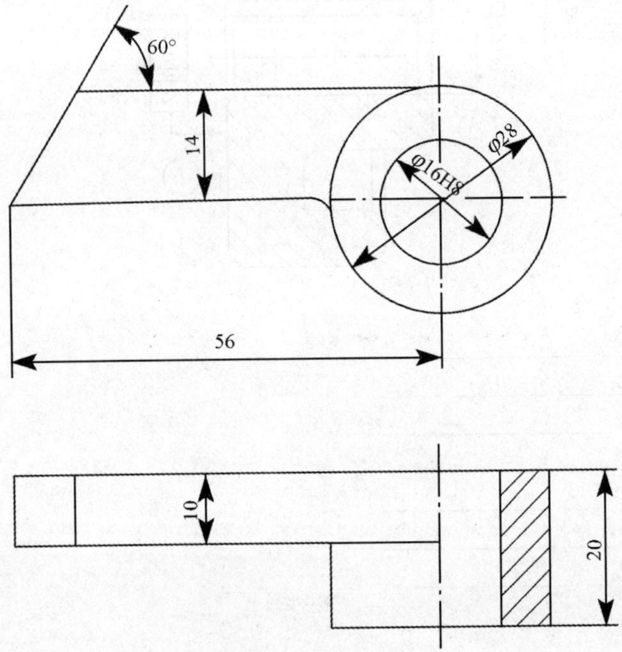

班级　　　　　　　　姓名　　　　　　　　学号

8.7 读套筒零件图。要求:1. 补画左视图(六个螺孔位置自定);2. 标出轴向和径向的主要尺寸基准。

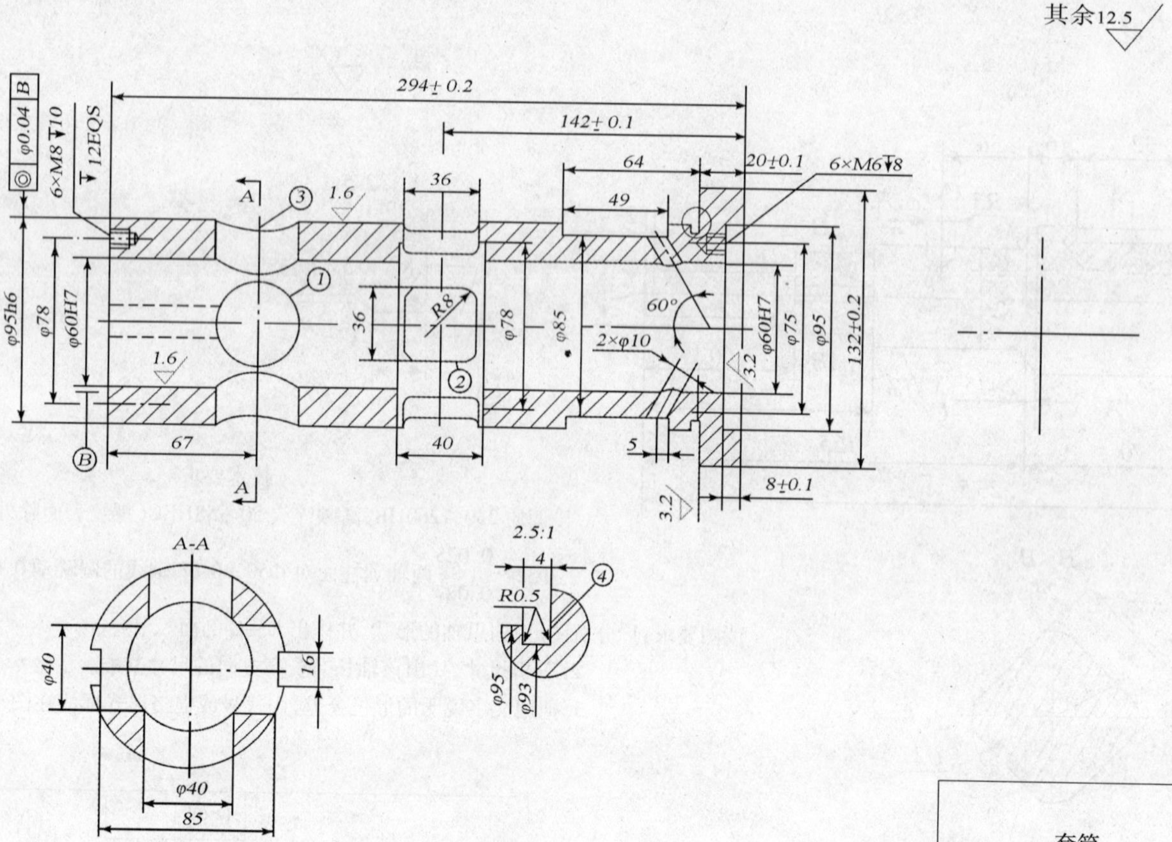

技术要求

1. 未注圆角 R2;
2. 全部螺孔倒角 C1。

套筒			比例	数量	材料
					45
制图					
描图					
审核					

班级　　　　姓名　　　　学号

8.8　**读零件图。**

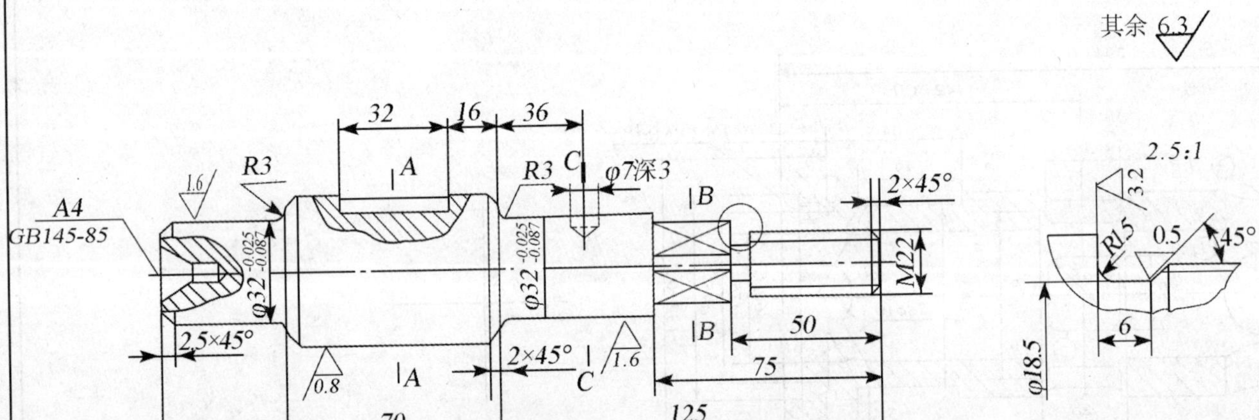

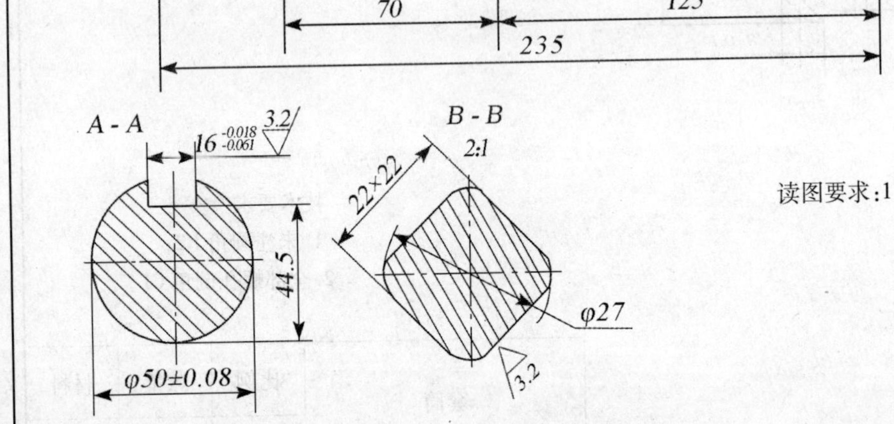

技术要求

1. 调质 230－260HB，高频淬火 50－58HRC（螺纹表面除外）。

2. Φ32 $^{-0.025}_{-0.087}$ 两轴圆柱面对 Φ50 ±0. 08 轴线的圆跳动 0. 44。

读图要求：1. 分析图形，构思轴的形状，并作出 C－C 剖面。

2. 分析尺寸，找出该轴长、宽、高方向的尺寸基准。

3. 把用文字说明的形位公差，用代号或框格形式标注在图上。

轴			比例		图号	
			件数	1		
班级		学号	材料	45	成绩	
制图		日期	（校名）			
审核		日期				

班级　　　　姓名　　　　学号

8.9 读零件图，回答问题。

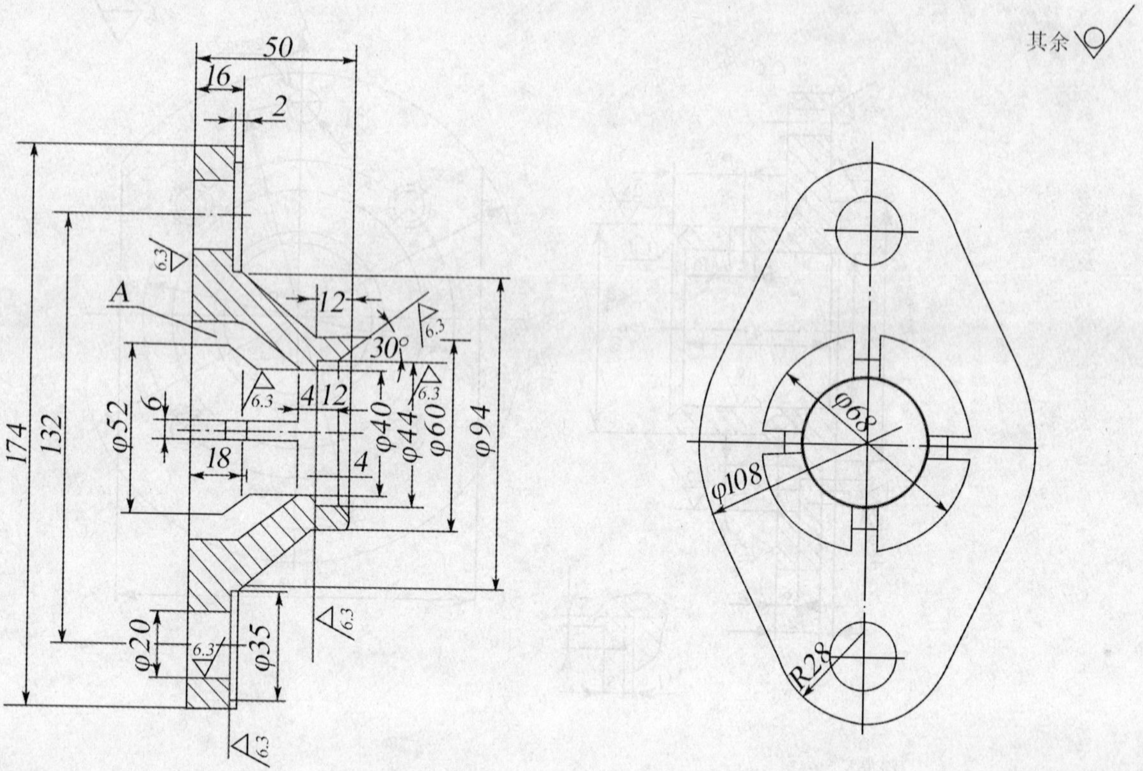

读图要求：1. 仔细分析法兰内部的结构形状。

2. 标 A 部分的图形为什么不画剖面符号？其厚度为多少？

法 兰			比例		图号	
			件数	1		
班级		学号	材料	HT150	成绩	
制图		日期	（校名）			
审核		日期				

班级　　　　姓名　　　　学号

8.10 **读零件图，回答问题。**

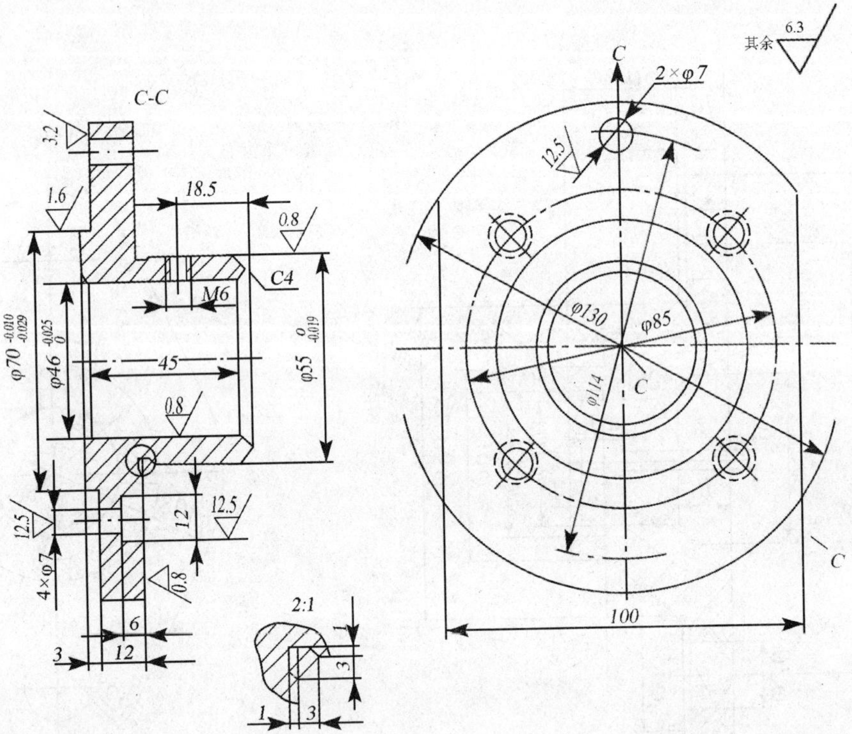

技术要求

未注倒角 C1

电动机端盖			比例		图号	
			件数			
班级		学号	材料	HT150	成绩	
制图		日期	（校名）			
审核		日期				

读图要求：1. 分析端盖的结构形状、剖切方法。

2. 分析端盖厚度方向的尺寸基准，以及加工面与非加工面之间的尺寸关系。

3. 左视图上的虚线可否省略，指出它在主视图上的对应投影。

班级　　　　　　　　姓名　　　　　　　　学号

8.11 读零件图。

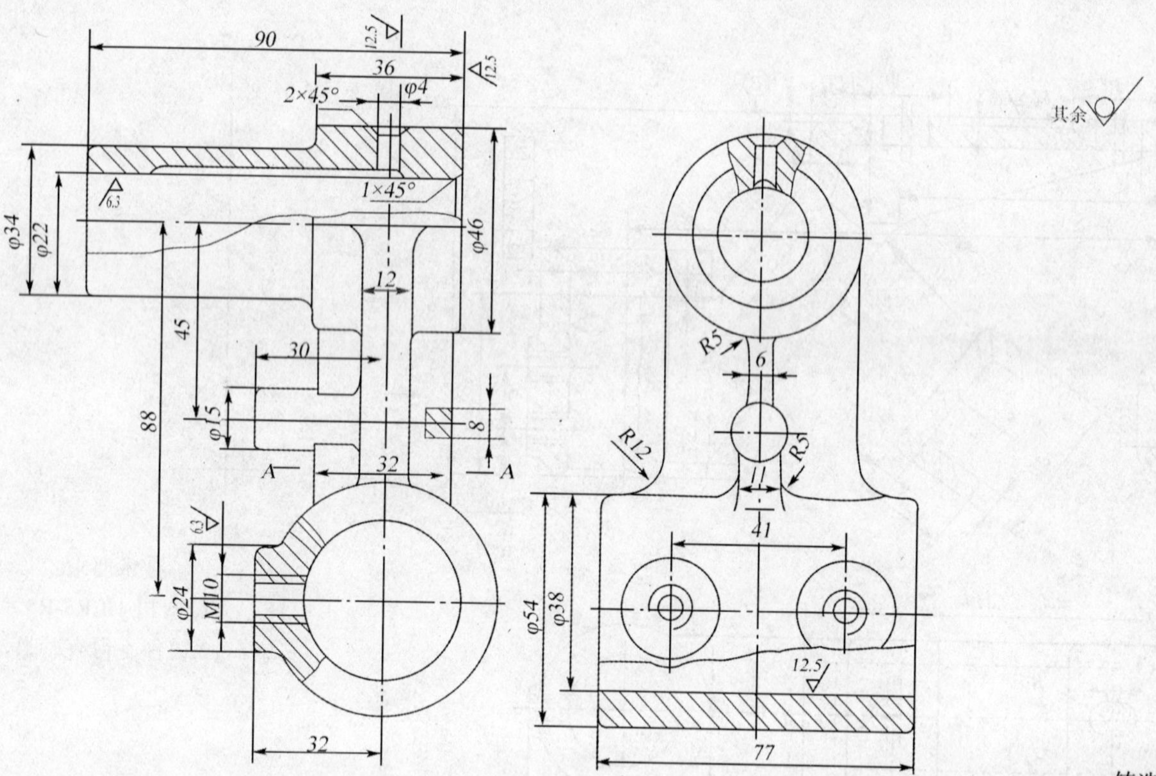

铸造圆角 R2

十字接头			比例		(图号)	
			件数			
班级		学号	材料	HT150	成绩	
制图		日期	(校名)			
审核		日期				

看图要求：1. 分析十字接头的剖切特点，为什么要这样剖？是否有其它剖切方案。

2. 分析各表面加工特点，找出铸造角及加工圆角的所在。

3. 作 A－A 移出剖面图。

班级　　　　姓名　　　　学号

8.12 读托架零件图。解答：1. 指出长、宽、高三个方向的主要尺寸基准；2. 解释 | ⊥ | Φ0.05 | *B* | 的意义；3. 补画左视图。

其余

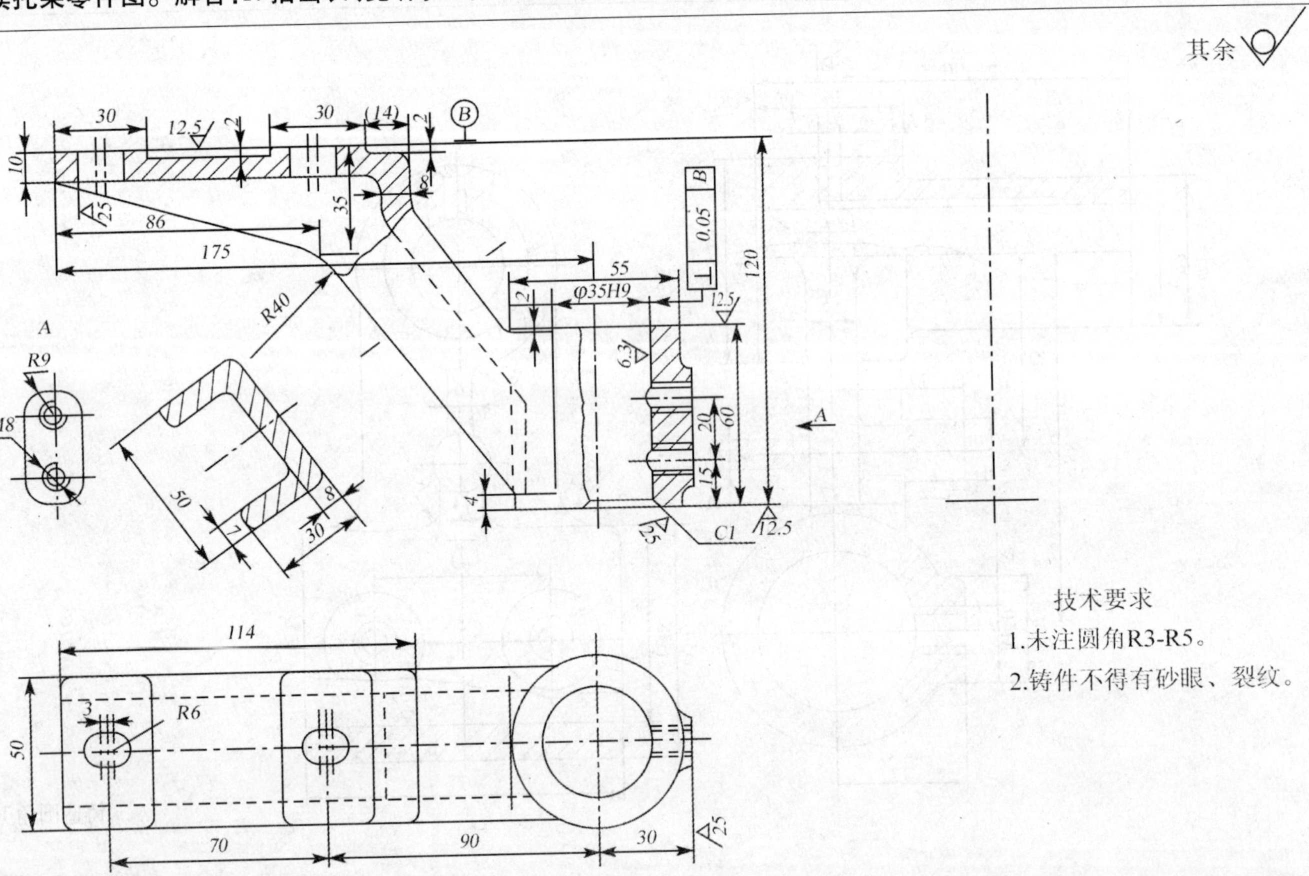

技术要求

1.未注圆角R3-R5。

2.铸件不得有砂眼、裂纹。

托架		比例	数量	材料
				HT200
制图				
描图				
审核				

班级　　　　姓名　　　　学号

8.13 **读零件图。**

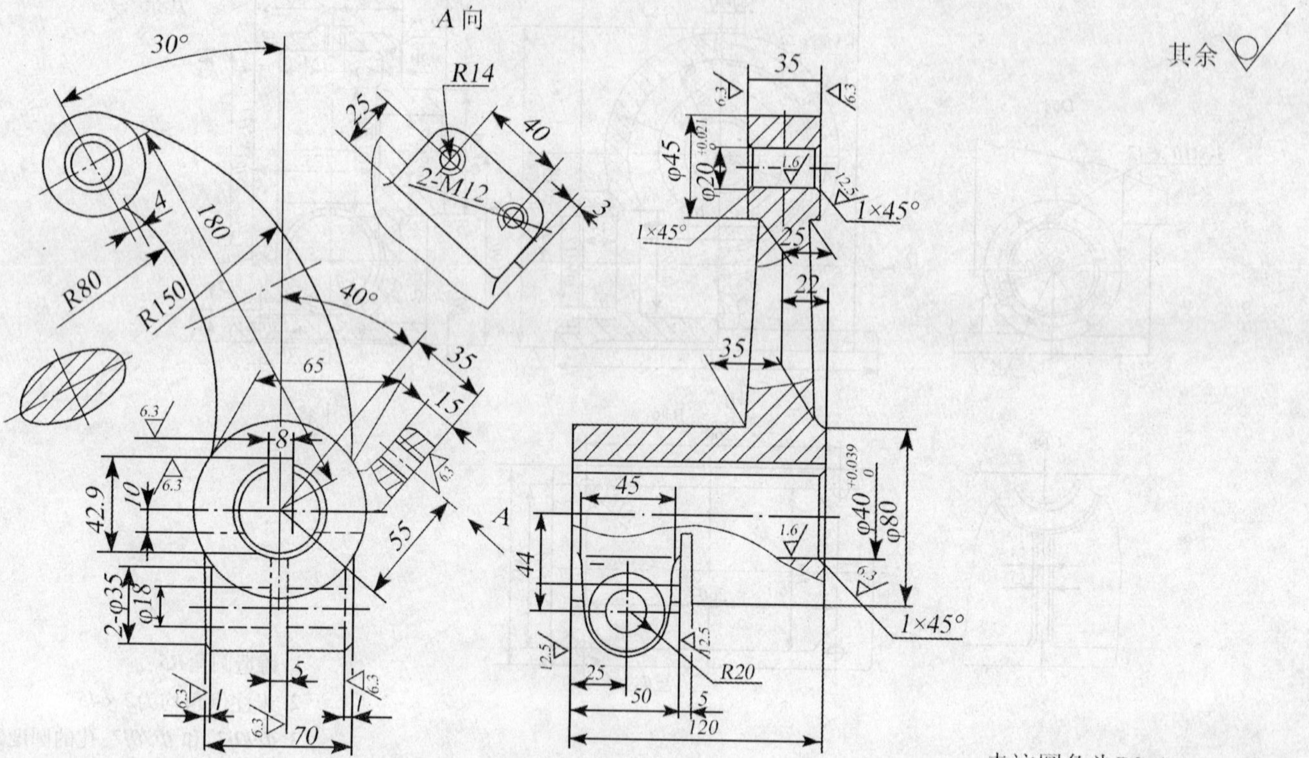

未注圆角为R2-4

弯　臂			比例		(图号)	
			件数			
班级		学号	材料	HT150	成绩	
制图		日期	(校名)			
审核		日期				

读图要求:1. 分析弯臂的结构特点及剖视方式。

2. 找出各个方向上的尺寸基准。

3. 指出 2 – M12 两螺孔在视图上的位置,画出螺孔中心线。

班级　　　　姓名　　　　学号

8.14 读零件图

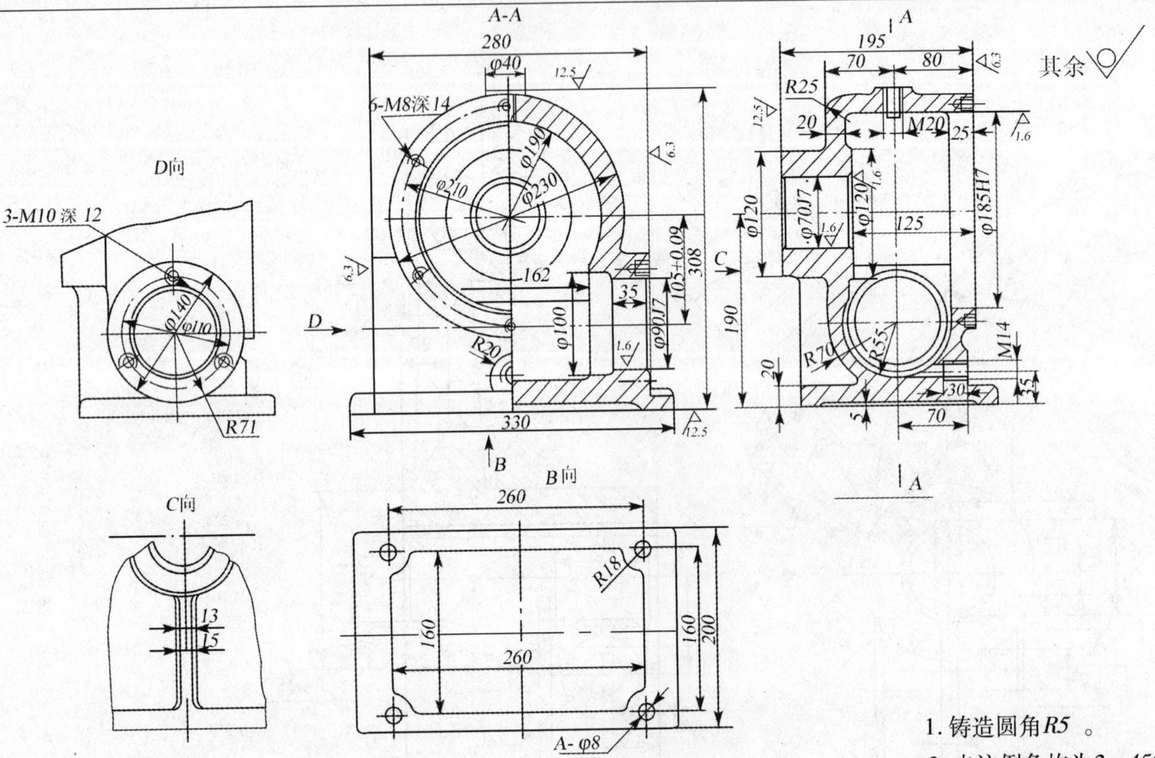

1. 铸造圆角*R5*。
2. 未注倒角均为$2\times45^{\circ}$
3. $\Phi90j7$ 和 $\Phi70j7$ 孔的圆度0.015。

看图要求：1. 想象出箱体的形状，分析尺寸，找出各个方向的尺寸基准。

2. 区分 $\Phi70j7$ 、$\Phi90j7$ 、$\Phi185H8$ 三孔的不同性质，并查出它们的偏差值。

3. 将用文字说明的形位公差用代号及框格形式注在图上。

4. 如将主视图采用全剖，视图应做哪些调整与补充？

蜗轮箱体			比例		（图号）
			件数		
班级		学号	材料	HT200	成绩
制图		日期	（校名）		
审核		日期			

班级　　　　姓名　　　　学号

8.15 零件图大作业。

作业指导

1. 作业目的：

(1)熟悉和掌握绘制零件工作图的基本方法与步骤；

(2)综合运用学过的知识，提高绘制生产中实用零件图的能力。

2. 内容与要求：

(1)根据给定的轴测图，绘制零件图；

(2)每张图均用 A3 图纸绘制，比例自定。

3. 注意事项：

(1)作图时，要以所绘之图一经脱手即将投入生产的心态，严肃、认真、高度负责地进行；

(2)全面利用已学过的知识，综合加以应用；

(3)对于所绘的零件图：

①要符合标准(如视图画法及其标注、尺寸标注、技术要求的注写，标准结构的画法及标注需查表进行标准化等等)；

②尽量符合生产实际(如工艺结构的合理性，所注尺寸便于加工和测量，表面粗糙度、极限与配合、形位公差的选用既能保证零件的质量，又能降低零件的生产成本等)；

③布局合理、图形简洁、尺寸清晰、字迹工整，便于他人看图。

1. 图中未注的尺寸从图上直接量取，比例 3:1。

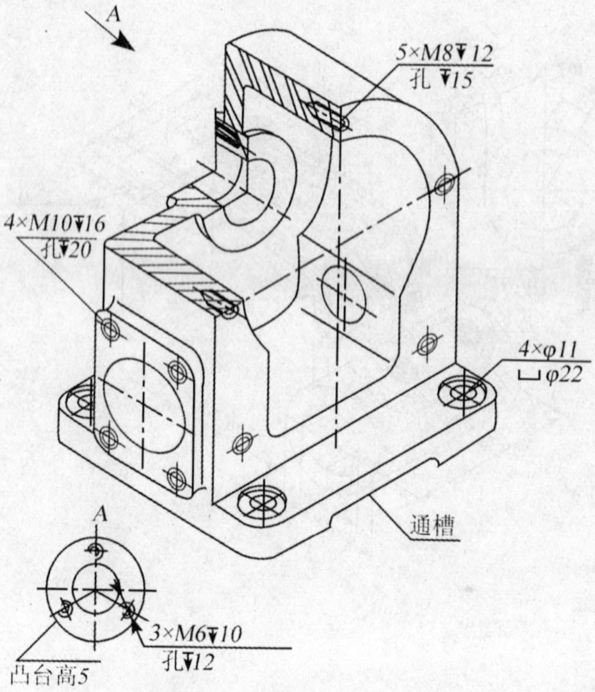

班级　　　　姓名　　　　学号

2.

其余

未注圆角R3

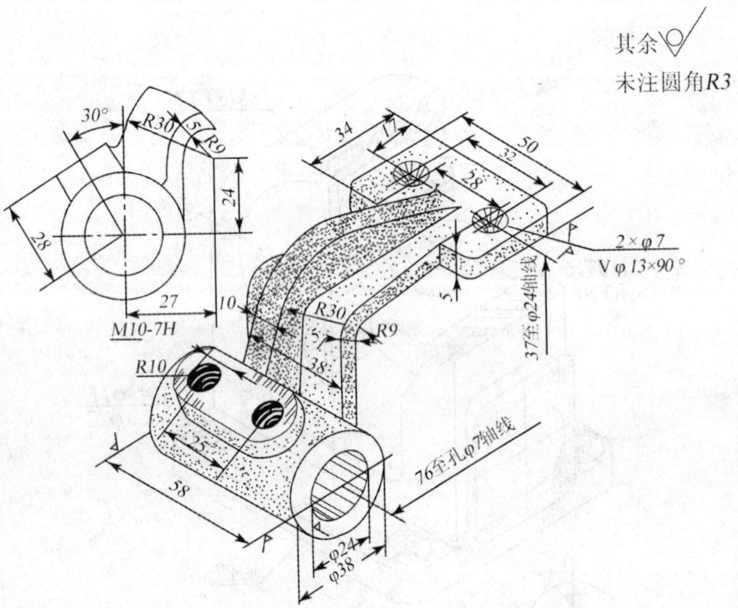

3.

其余

未注圆角R3

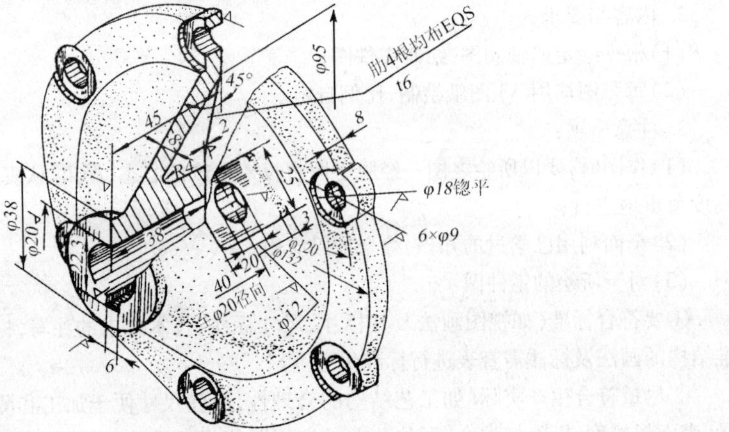

锥面上凸台与键槽孔成120°

班级　　　　姓名　　　　学号

第9章　标准件与常用件

9.1　按规定画法画出螺纹,并在视图上标注螺纹的规定代号。

1. 梯形螺纹,大径 18mm(小径 14mm),导程 8mm,线数 2,螺纹长度 25mm,左旋。

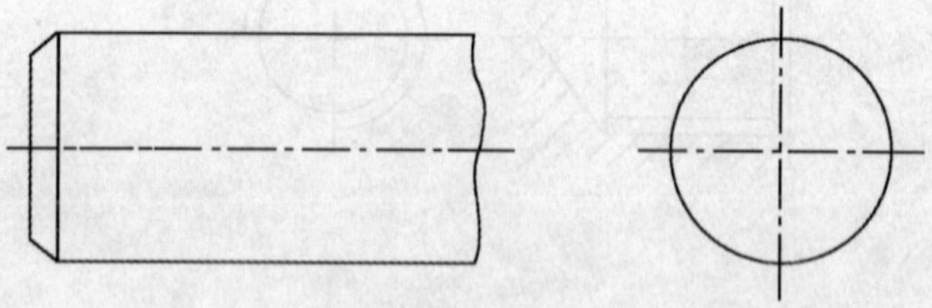

2. 粗牙普通螺纹,大径 18mm,螺距 2.5mm,螺纹长度 30mm 右旋。

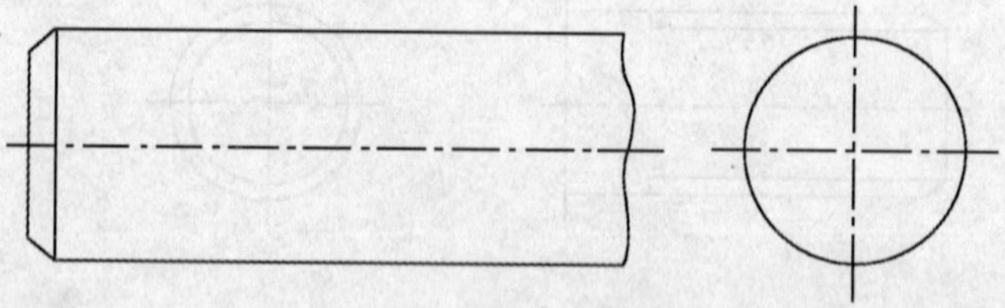

3. 细牙普通螺纹,大径 12mm,螺距 1mm,螺纹长度 26mm,左旋。

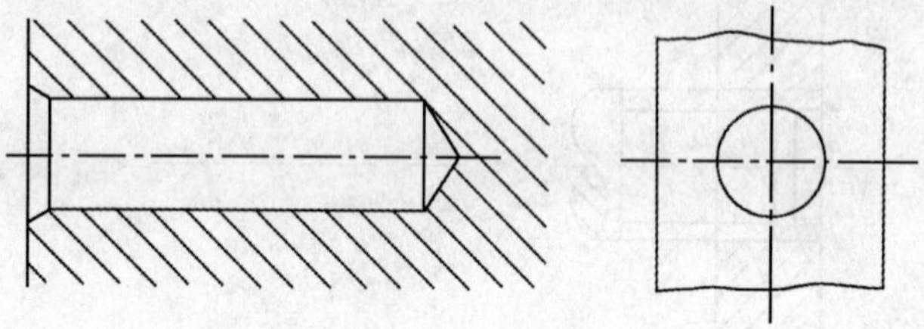

4. 55°非密封管螺纹,尺寸代号为 1/2(大径 d = 22.955mm,小径 d_1 = 18.631mm),公差等级为 B 级,螺纹长度 30mm,螺纹长度 30mm,右旋。

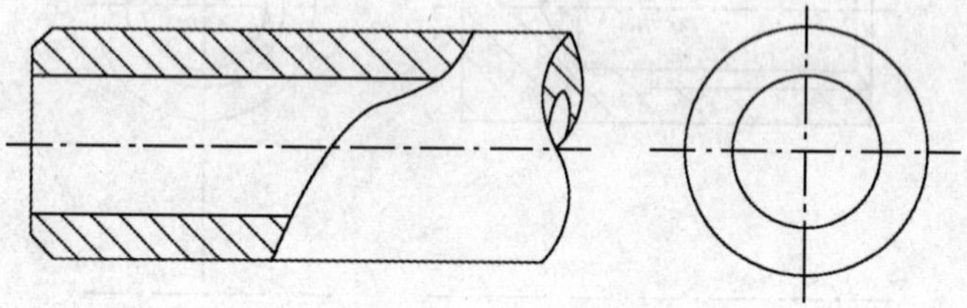

班级　　　　姓名　　　　学号

9.2 分析下列图形中的错误，在空白处画出正确的图形。

1.

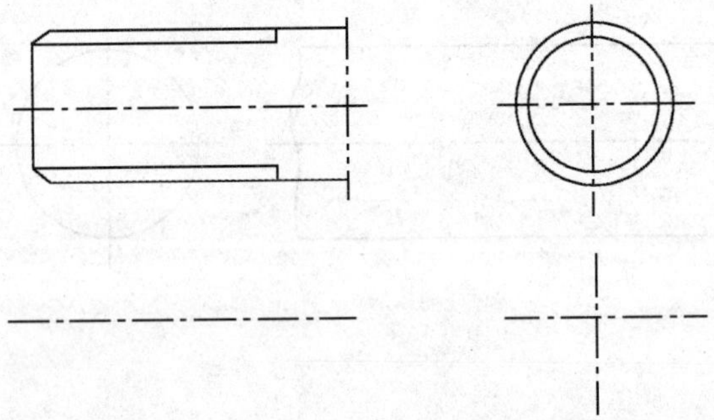

2.

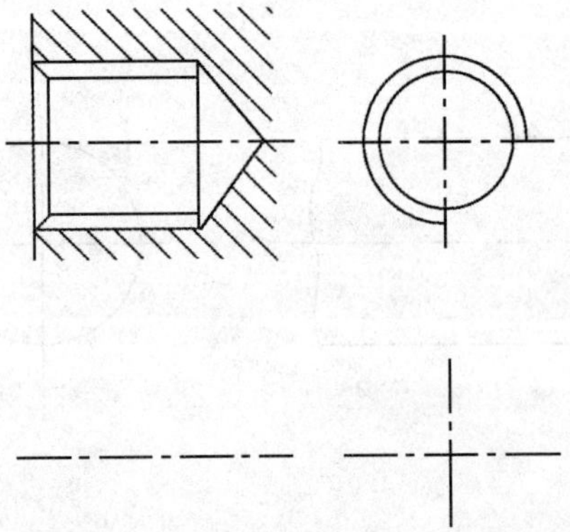

3.

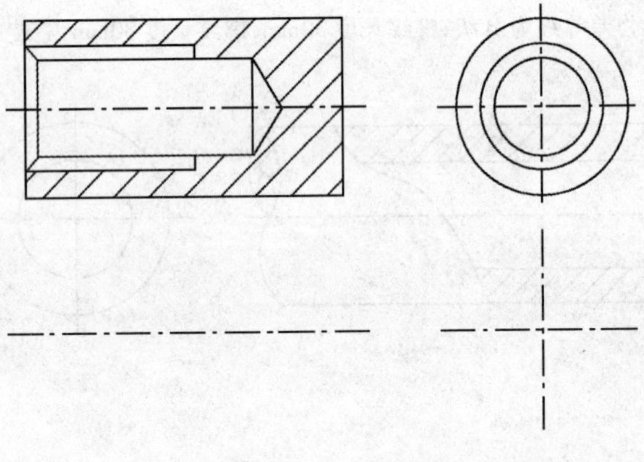

4.

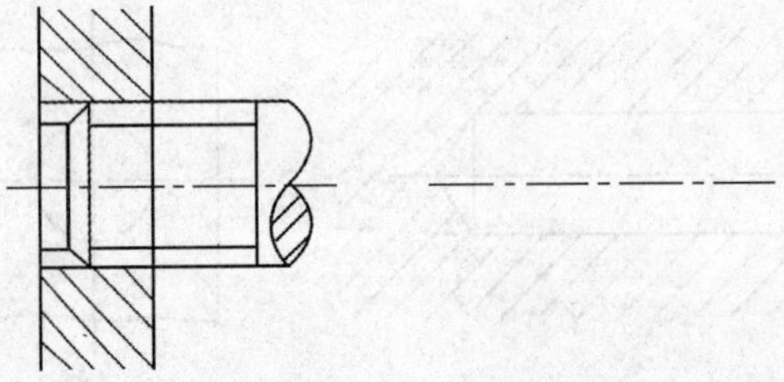

班级 姓名 学号

9.3 查表填写下列螺纹紧固件的数值，并写出规定标记。

1. 六角头螺栓，C 级，螺纹规格 d = M12，公称长度 l = 45mm。

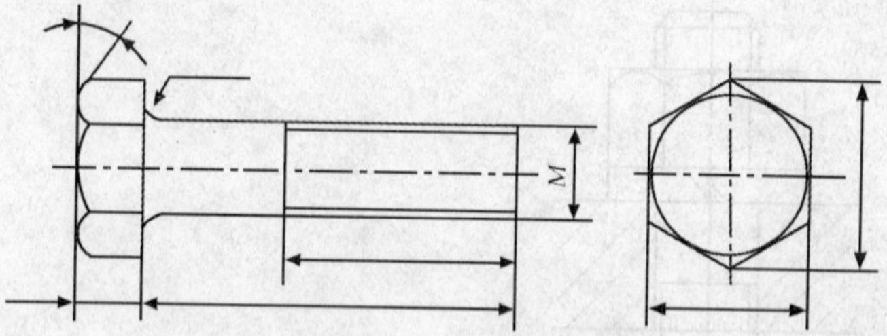

标记：____________

2. I 型六角螺母，A 级，螺纹规格 D = M16。

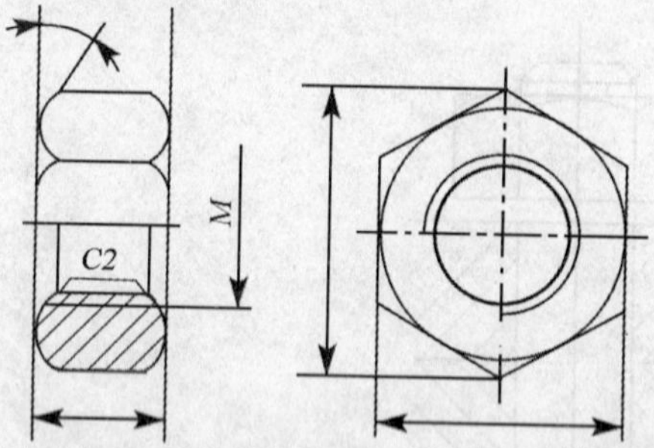

标记：____________

3. 双头螺柱，螺纹规格（两端）d = M16，公称长度 l = 50mm，旋入端长度 b_m = 20mm。

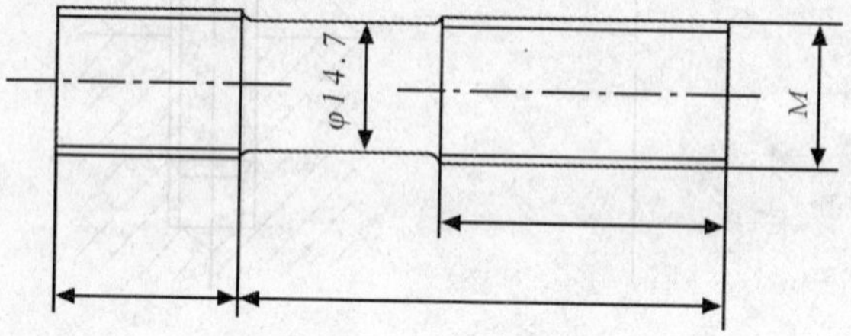

标记：____________

4. 开槽沉头螺钉，螺纹规格 d = M8，公称长度 l = 40mm。

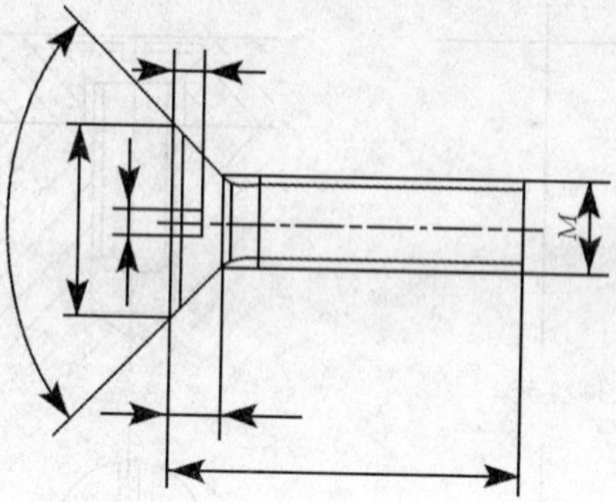

标记：____________

班级　　　　姓名　　　　学号

9.4 指出下列图形中的错误，将正确的画在其旁。

1.

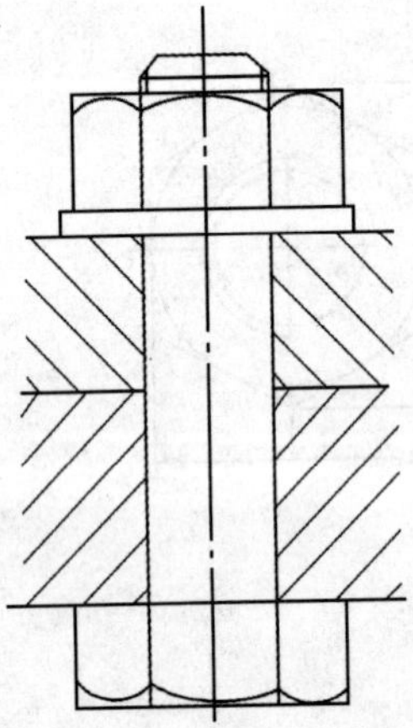

2.

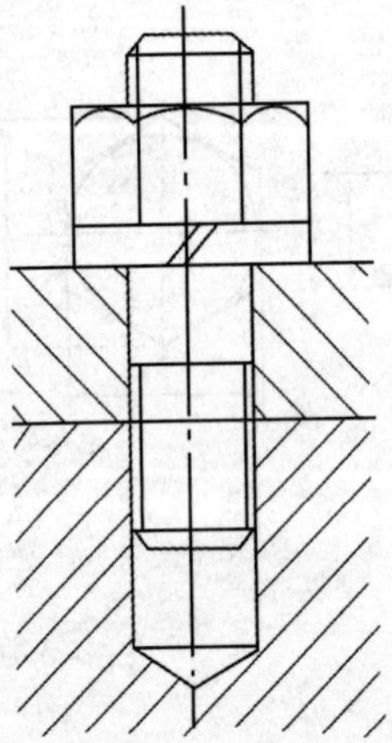

3.

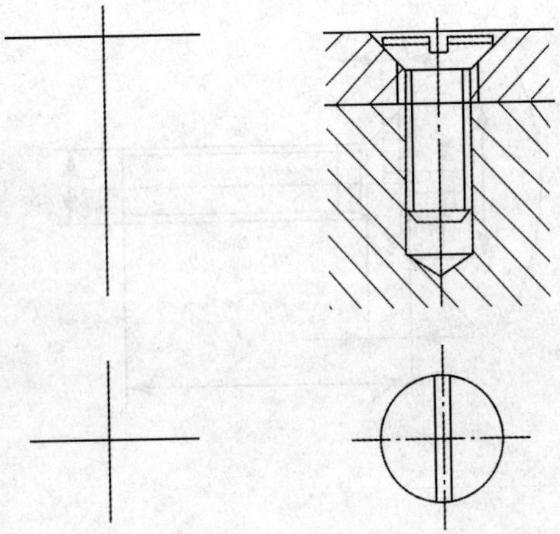

4.

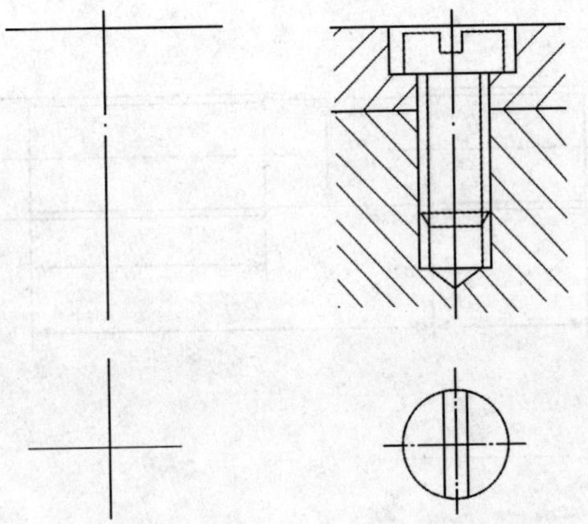

班级　　　　　　姓名　　　　　　学号

9.5 根据已知尺寸，选择适当的螺纹制件，连接下列零件，画连接图，用 A3 图纸，1 : 1

1.

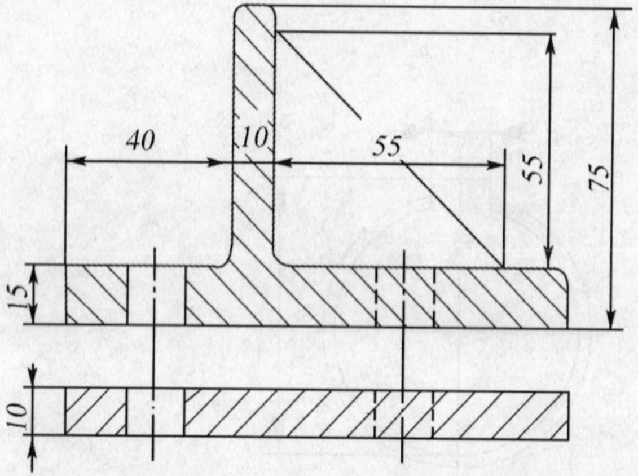

2.

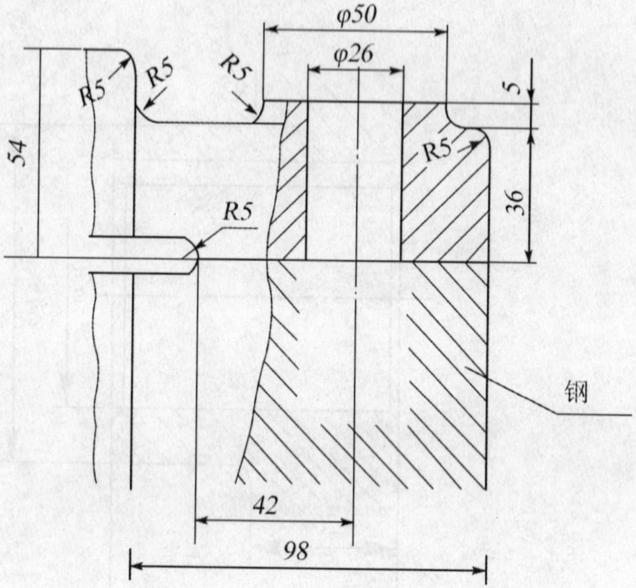

班级 姓名 学号

9.6　已知标准直齿轮的模数 $m=3$，$Z=30$。计算、查表确定齿轮各部分尺寸，画出齿轮工作图。

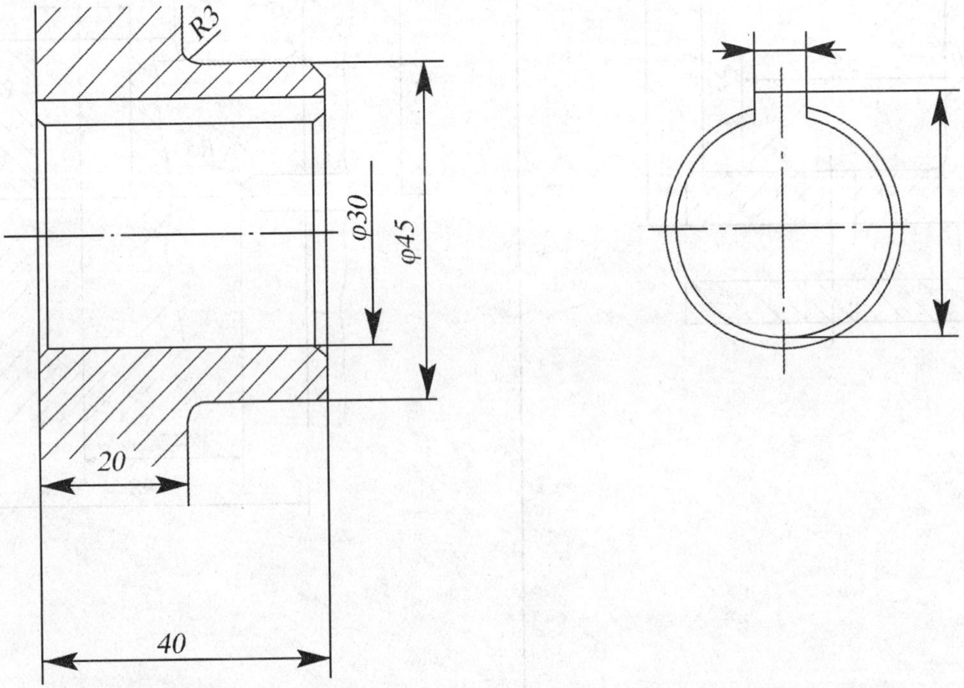

倒角为 1×45°

班级　　　　　　　　姓名　　　　　　　　学号

9.7 一对互相啮合的直齿轮1、2(数据如表),查表、计算后,按规定画出一对齿轮的啮合图,标注全部尺寸,A3图纸,1 : 1。

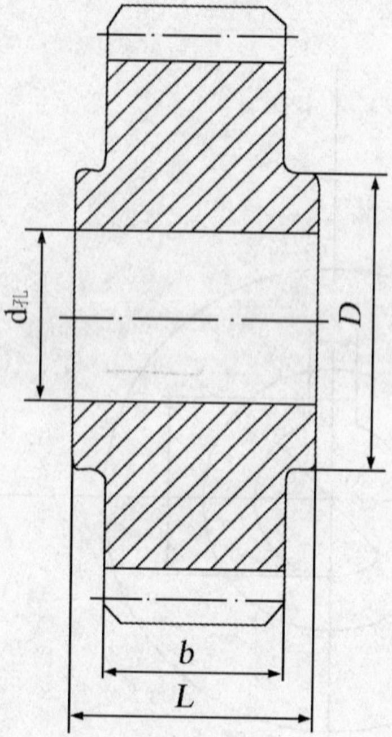

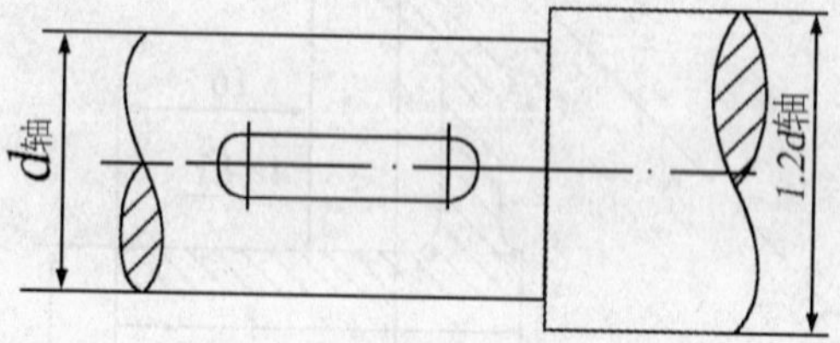

齿轮	模数 m	齿数 Z	轴径 $d_{轴}$	齿宽 b	轮毂外径 D	轮毂长 L	台阶轴径
1	4	24	Φ22	(6 ~ 8)m	(1.6 ~ 2)$d_{轴}$	(1.2 ~ 1.5)$d_{轴}$	1.2$d_{轴}$
2	4	20	Φ18				

班级　　　　姓名　　　　学号

9.8 已知圆锥齿轮的模数 m = 4，齿数 Z = 25，锥角 δ = 45°。计算、查表确定齿轮各部分尺寸，画出锥齿轮工作图。

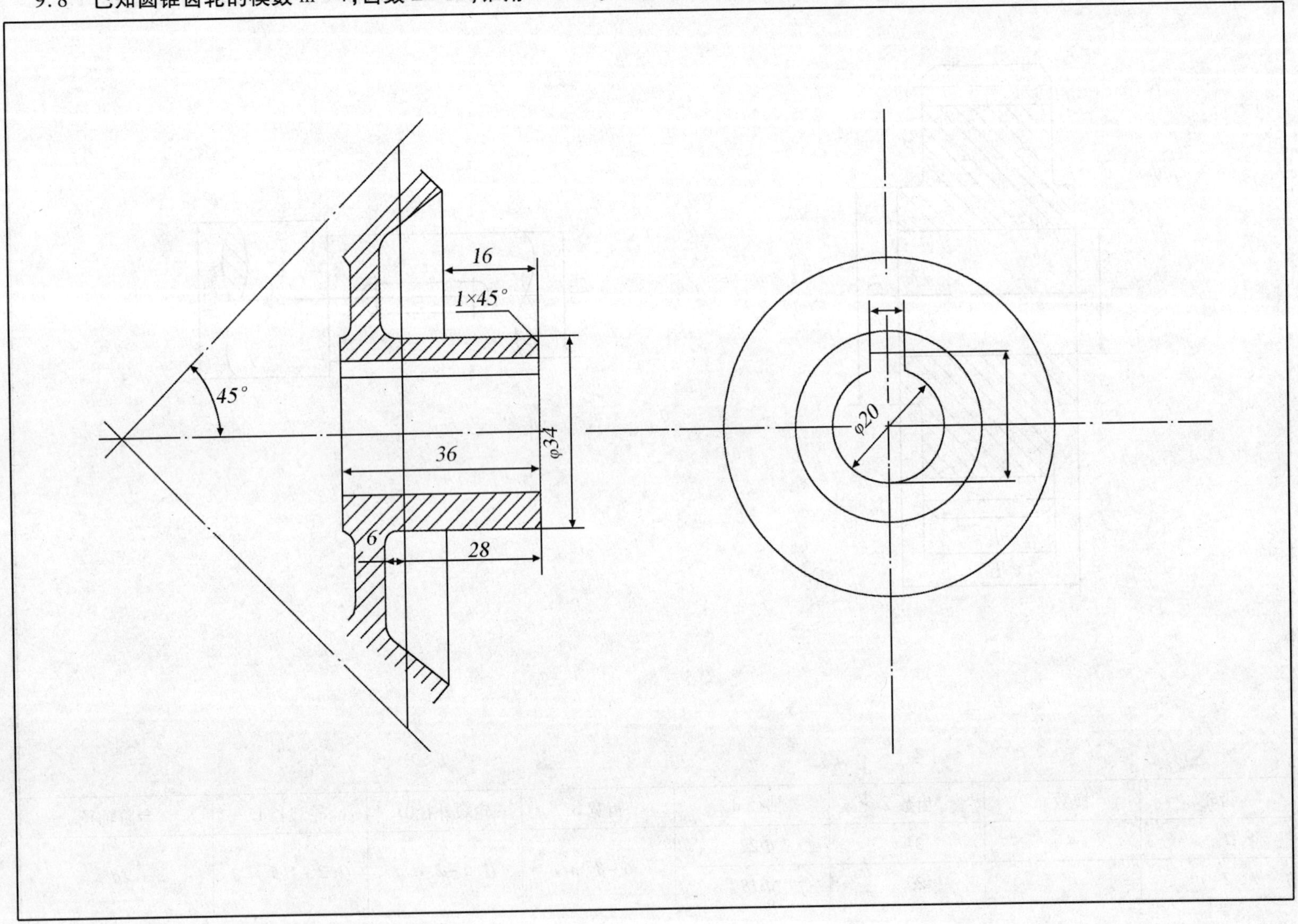

班级 姓名 学号

9.9 一对互相啮合的锥齿轮1、2(数据如表),查表、计算后,按规定画出一对齿轮的啮合图,标注全部尺寸,A3图纸,1 : 1。

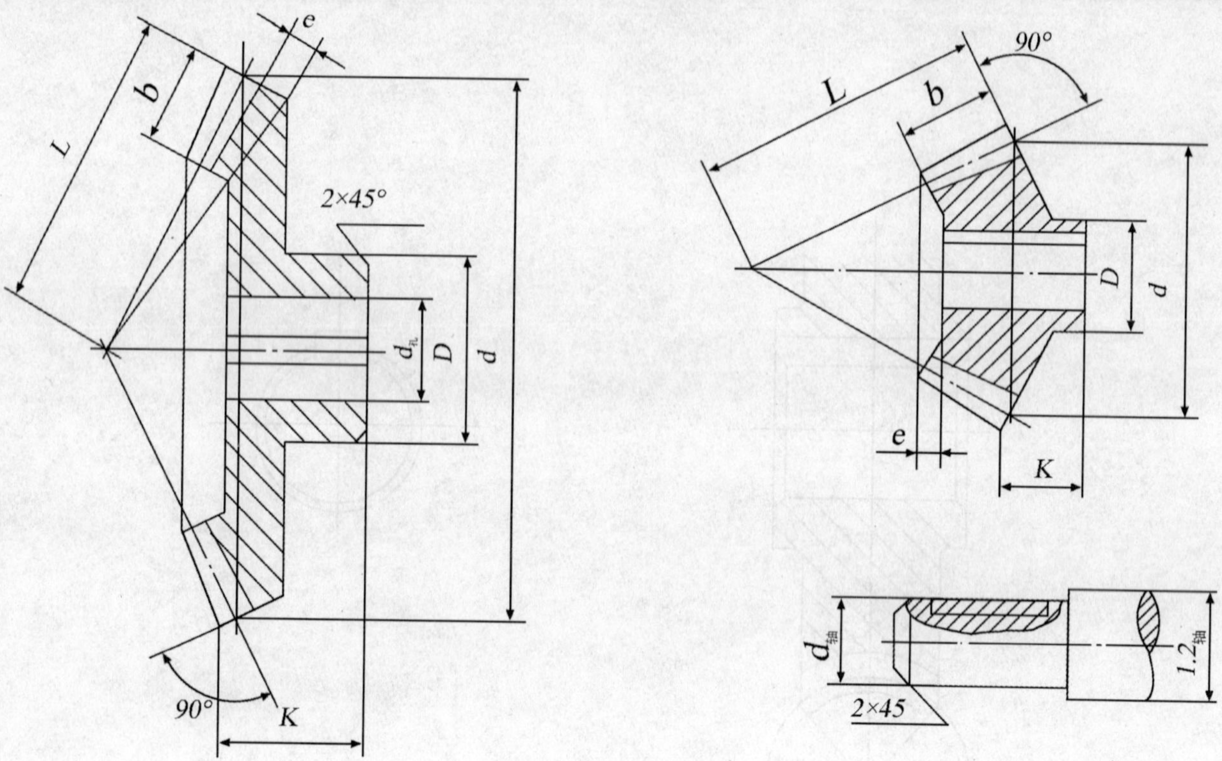

齿轮	模数 m	齿数 Z	轴径 $d_轴$	轮毂外径 D	轮 冠 距 K	e
1	4	30	Φ24	(1.6 ~2)$d_轴$	(1 ~1.2)$d_轴$	1m
2	4	20	Φ18			

班级　　姓名　　学号

9.10 蜗杆和蜗轮的模数 $m=5$，蜗杆的 $z_1=1$，$d_1=50\text{mm}$，蜗轮的 $z_2=32$，试完成蜗杆、蜗轮的啮合图(比例 1 ∶ 2)。

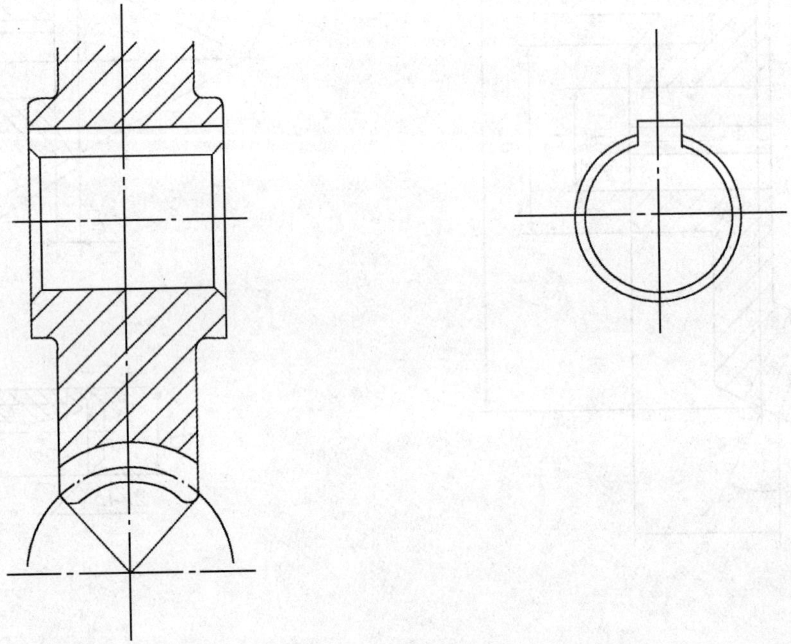

班级　　　　　　　　姓名　　　　　　　　学号

9.11 依据下列已知条件查表，画出键、销的视图，并标注尺寸。

1. GB/T 1096 键 12 × 8 × 40

2. 销 GB/T 119.1 6 × 40

班级

姓名

学号

9.12　已知一直齿圆柱齿轮的 $m=2.5$，$Z=24$，$\alpha=20°$以及轴孔的尺寸。试完成齿轮的两个视图，并标注尺寸。

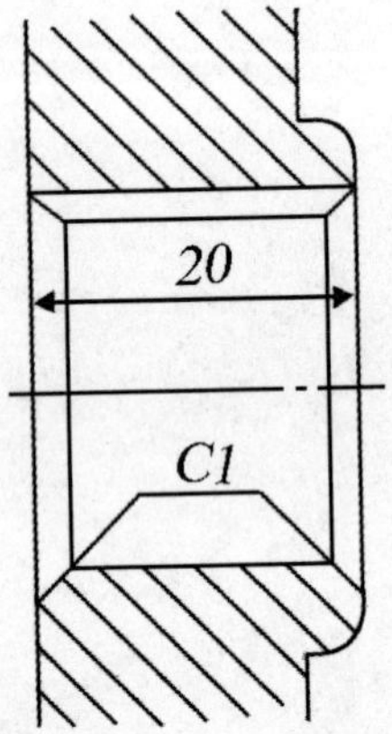

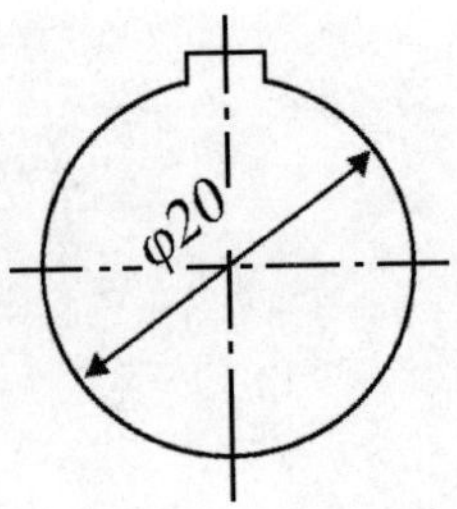

班级　　　　　　　　姓名　　　　　　　　学号

9.13　已知齿轮和轴用 A 型普通平键连接，轴孔直径为 40mm，键的长度为 40mm。要求：1. 写出键的规定标记；2. 查表确定键和键槽的尺寸，用 1 ：2 的比例画全下列各视图的剖视图。

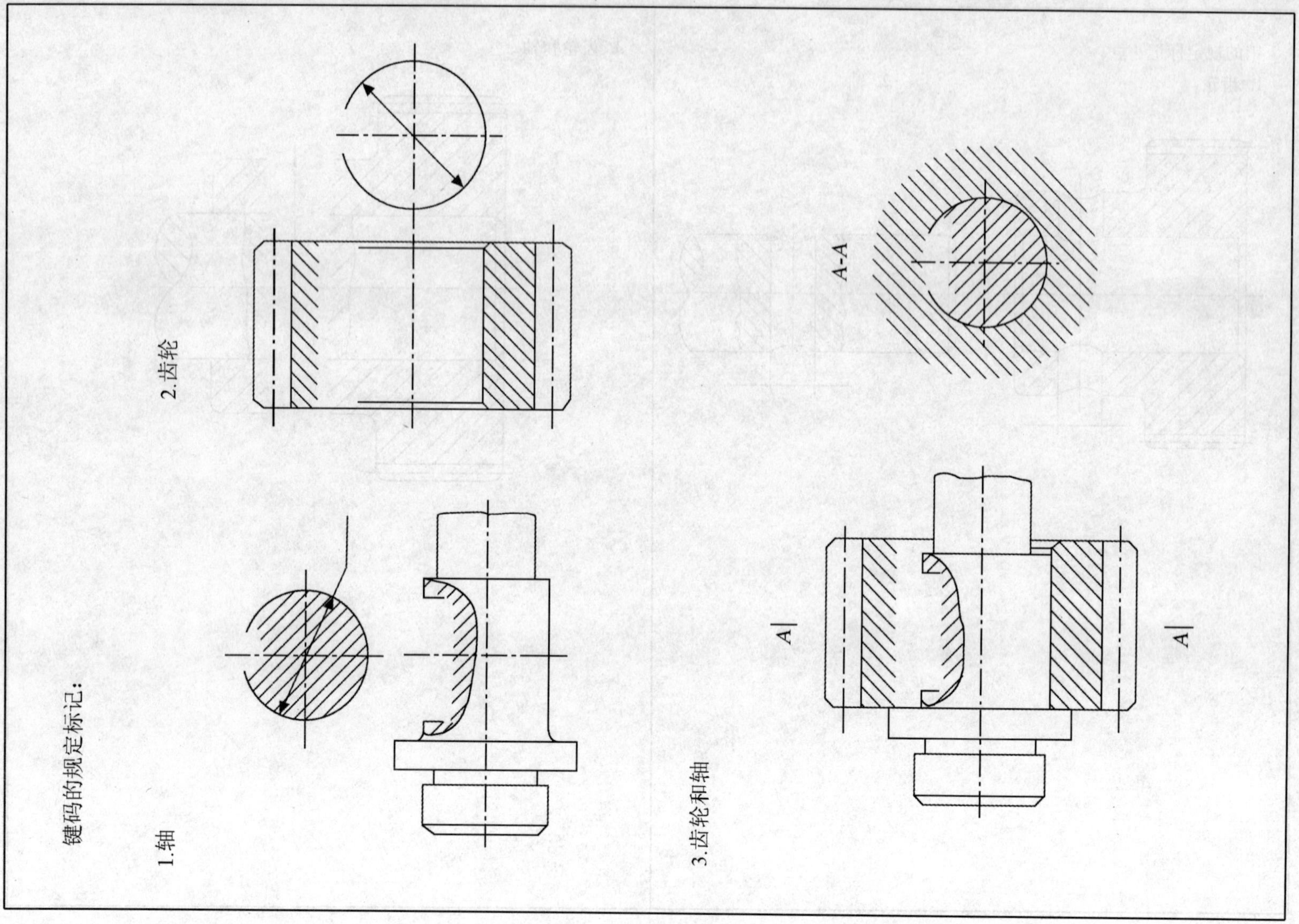

班级　　　　　　　　　　　　姓名　　　　　　　　　　　　学号

9.14　已知齿轮和轴用 B 型普通平键连接，销的长度为40mm。要求：1. 写出销的规定标记；2. 查表确定销的尺寸，用1 ：1 的比例补全下列各剖视图，并标注销孔尺寸。

销的规定标记：

1. 齿轮

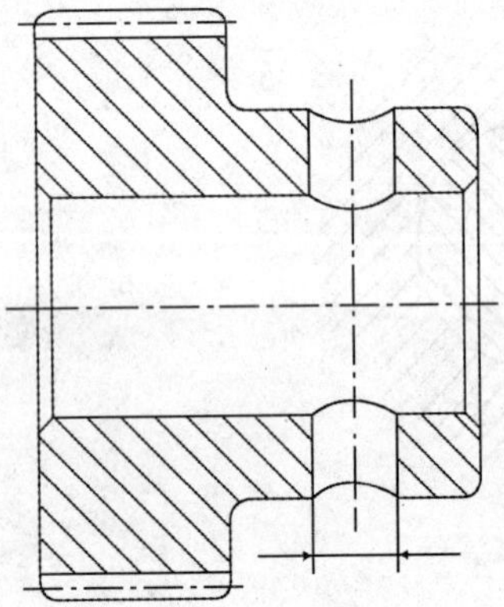

2. 轴

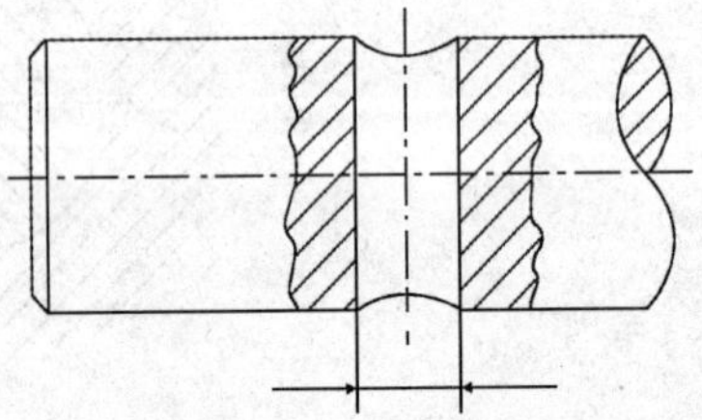

3. 齿轮和轴

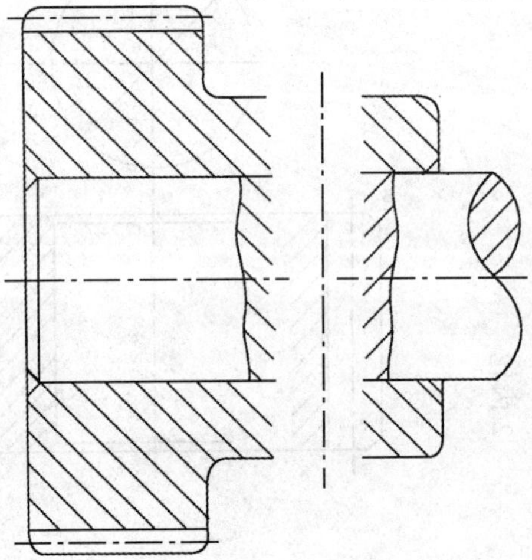

班级　　　　姓名　　　　学号

9.15 查表确定滚动轴承的尺寸，用规定画法在轴端画出轴承与轴的装配图。

1. 滚动轴承 6305 GB/T 276～1994

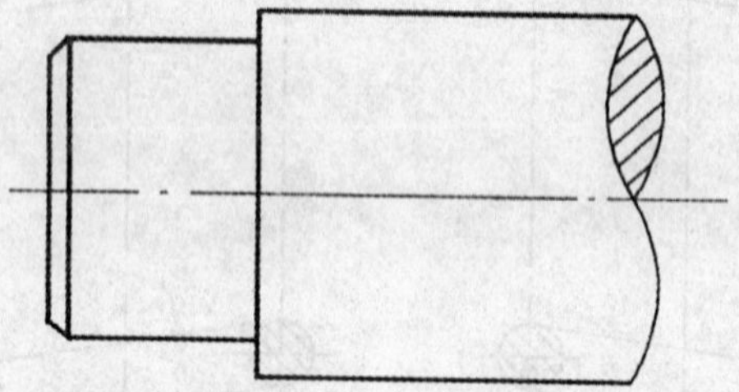

2. 滚动轴承 30306 GB/T 297～1994

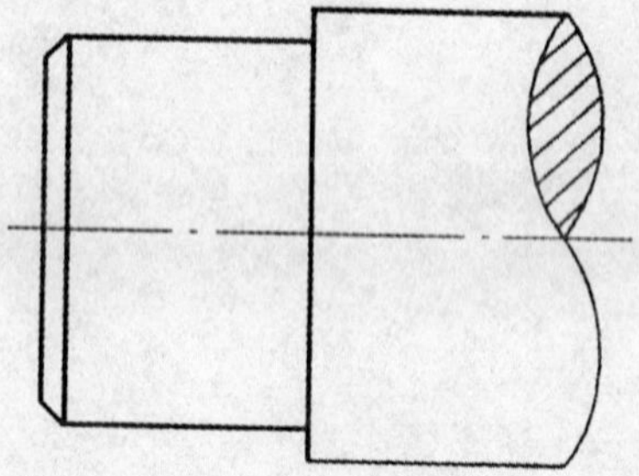

班级 姓名 学号

9.16　弹簧。

1. 已知圆柱螺旋压缩弹簧的外径为 5mm，弹簧中径 40mm，节距 10mm，弹簧自由长度为 76mm，支承圈数为 2.5，右旋。试画出弹簧的全剖视图，并标注尺寸。

2. 指出下图中哪一个是右旋弹簧，哪一个是左旋弹簧。

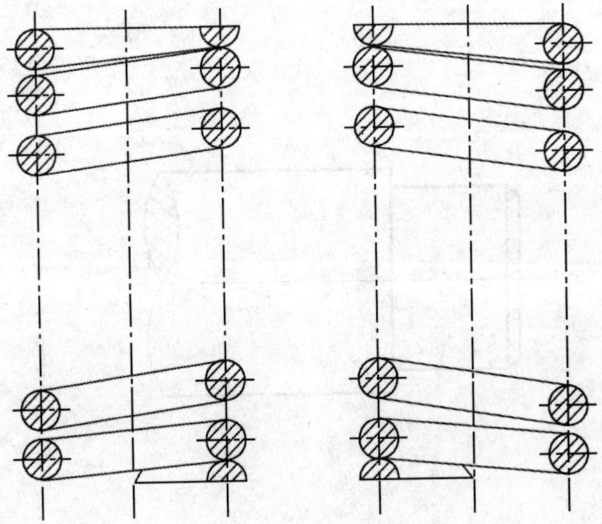

________旋弹簧　　　　________旋弹簧

班级　　　　姓名　　　　学号

第 10 章　装配图

10.1　根据千斤顶的装配示意图和零件图，拼画装配图（亦可作为计算机绘制零部件图的作业题；用计算机绘制出所有的零件图，然后拼画装配图）。

作业指导

1. 作业目的：

（1）熟悉和掌握装配图的内容和表达方式。

（2）了解绘制装配图的方法。

2. 内容与要求：

（1）按教师指定的题目，根据零件图绘制 1 ~ 2 张装配图。

（2）图幅和比例由教师指定。

3. 注意事项：

（1）初步了解：根据名称和装配示意图，对装配体的功能进行初步分析，并将其与相应的零件序号对照，区分一般零件与标准件，并确定其数量，分析装配图的复杂程度及大小。

（2）详读零件图：根据示意图详读零件图，进而分析装配顺序、零件之间的装配关系、连接方法，搞清传动路线、工作原理。

（3）确定表达方案：选择主视图和其它各个视图。

（4）合理布图：先画出各视图的画图基准线（主要装配干线、对称线等）。

（5）注意相邻零件剖面线的画法。标注尺寸，填写技术要求，编写零件序号。

千斤顶的装配示意图

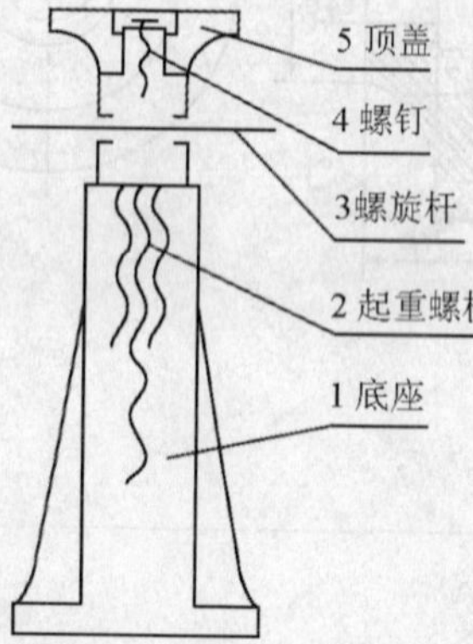

千斤顶工作原理

千斤顶是顶起重物的工具。使用时，按顺时针方向转动旋转杆 3，使起重螺杆 2 向上升起，通过顶盖 5 将重物顶起。

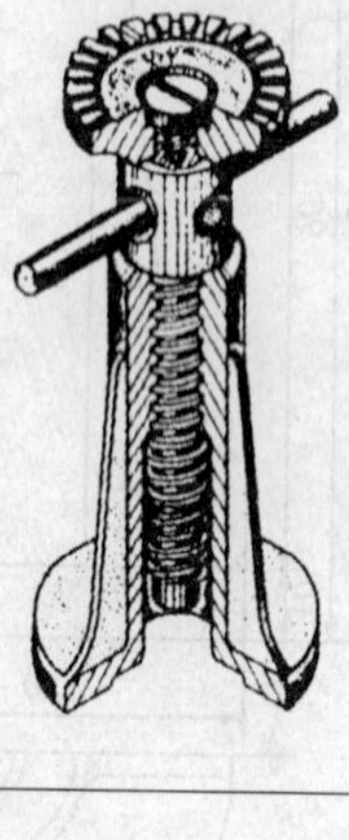

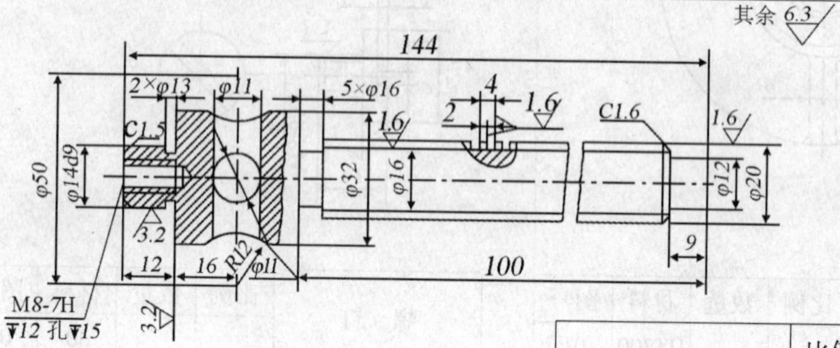

起重螺杆	比例	数量	材料	图号
			45	02
制图				
描图				
审核				

班级　　姓名　　学号

10.2 根据千斤顶的装配示意图和零件图，拼画装配图(附页)。

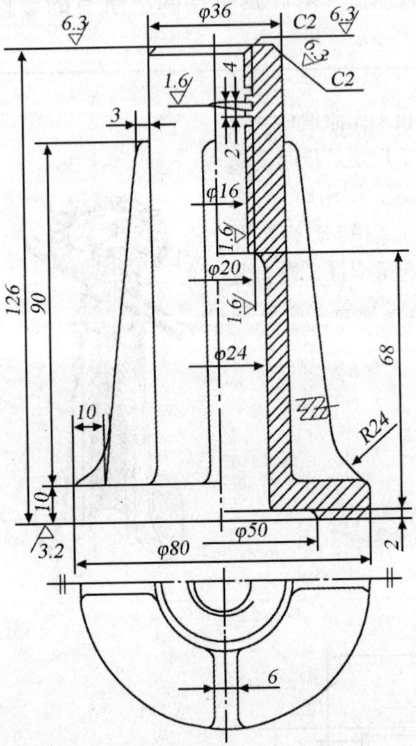

底 座	比例	数量	材料	图号
			HT300	01
制图				
描图				
审核				

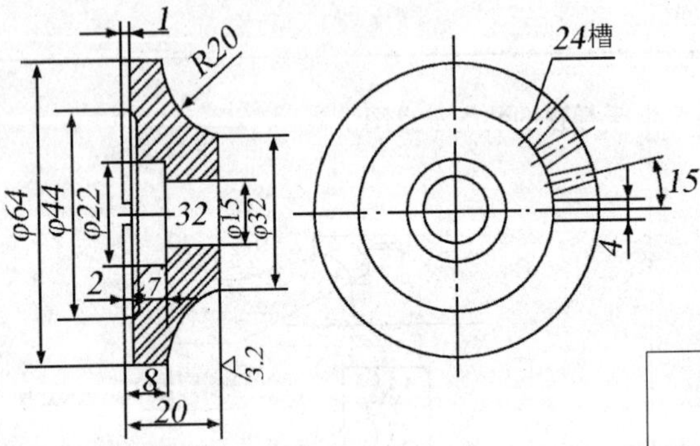

顶 盖	比例	数量	材料	图号
			45	05
制图				
描图				
审核				

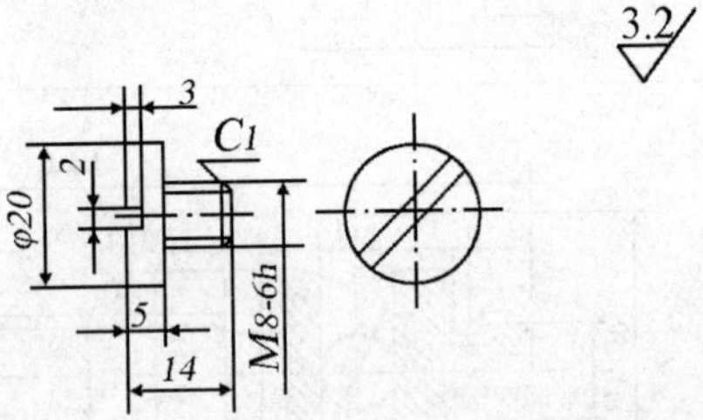

螺 钉	比例	数量	材料	图号
			30	04
制图				
描图				
审核				

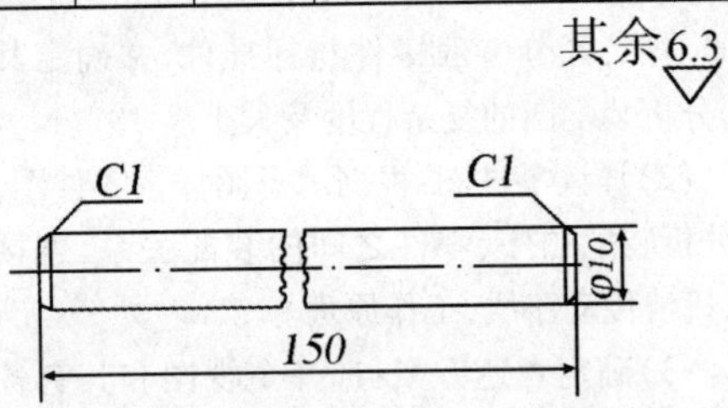

旋转杆	比例	数量	材料	图号
			45	03
制图				
描图				
审核				

班级　　　　姓名　　　　学号

10.3 根据台虎钳的装配示意图和零件图，拼画装配图。

工作原理

台虎钳是用来夹紧工件以便进行加工的夹具。

当顺时针方向转动手柄 1 时，螺杆 3 通过螺纹沿其轴线向右移动，从而推动活动钳身 4 右移夹紧工件；反之，当逆时针转动手柄 1 时，螺杆带动活动钳身左移，从而放松工件。

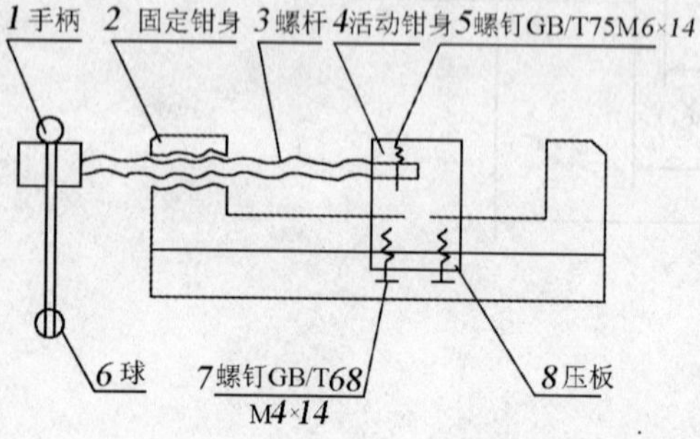

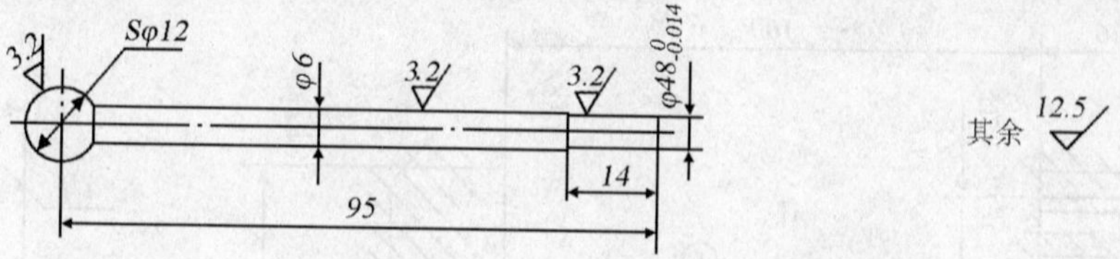

件 1 与件 6 装配后将 1 头部打铆凿圆。

手　柄			比例	数量	材料
					45
制图					
描图					
审核					

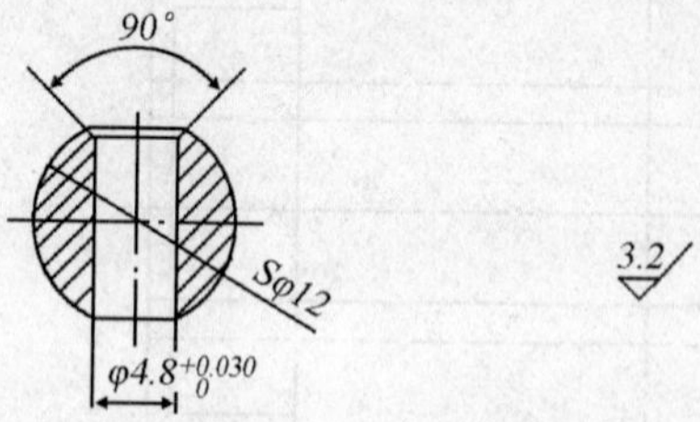

球			比例	数量	材料号
					Q235－A
制图					
描图					
审核					

班级　　　　姓名　　　　学号

10.4 根据台虎钳的装配示意图和零件图，拼画装配图（附页1）。

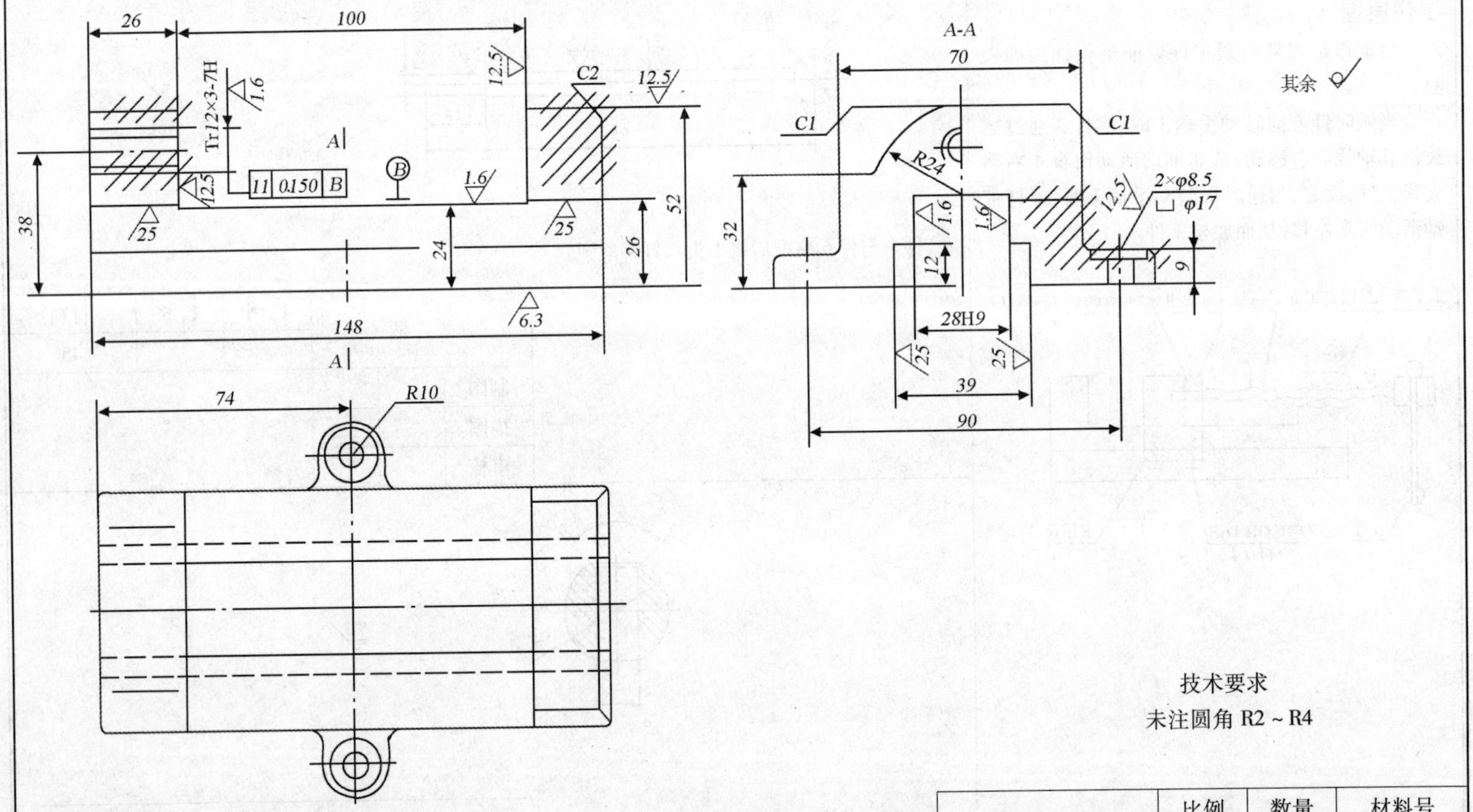

技术要求

未注圆角 R2 ~ R4

固定钳身	比例	数量	材料号
			HT200
制图			
描图			
审核			

班级　　　　姓名　　　　学号

10.5　根据台虎钳的装配示意图和零件图，拼画装配图（附页2）。

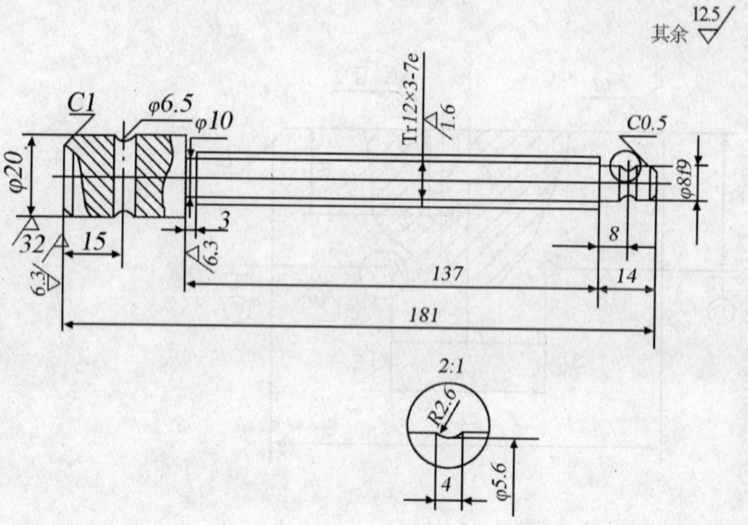

螺杆	比例	数量	材料
			4.5
制图			
描图			
审核			

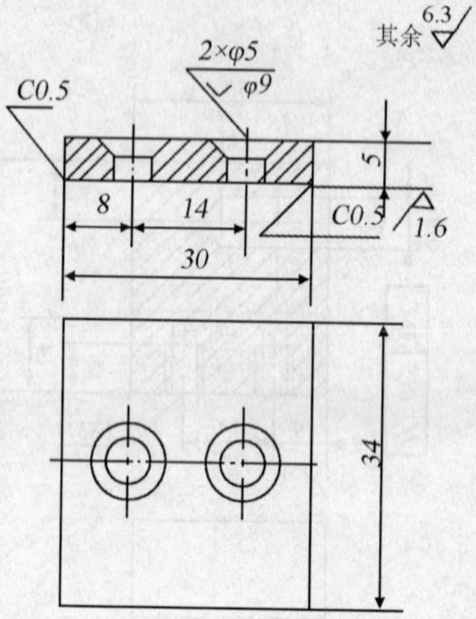

压板	比例	数量	材料
			Q235 – A
制图			
描图			
审核			

班级　　　　　　　　姓名　　　　　　　　学号

10.6 根据台虎钳的装配示意图和零件图，拼画装配图(附页3)。

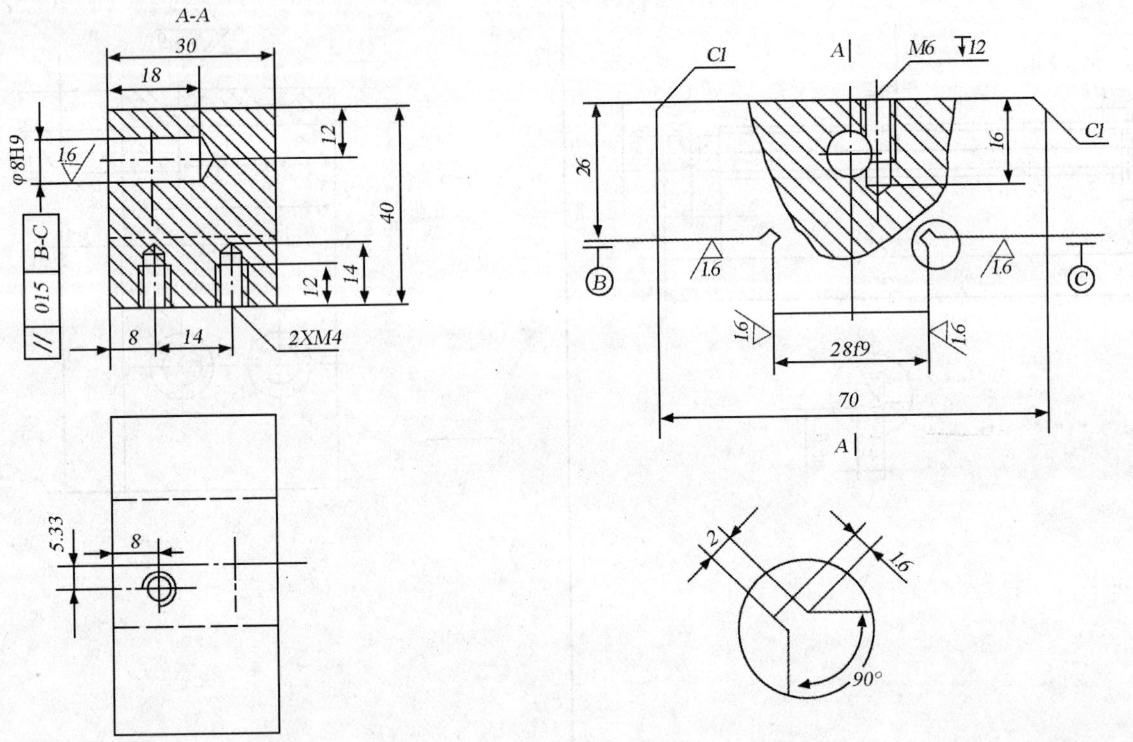

活动钳身			比例	数量	材料
					HT200
制图					
描图					
审核					

班级　　　　姓名　　　　学号

第11章　计算机绘图

11.1　AutoCAD 基本技能训练

1. 用 AutoCAD 按下图所示，绘制出 A 点的绝对坐标 A(10,20)和 B(@10,-10)、C(@30,20)两点的相对坐标。

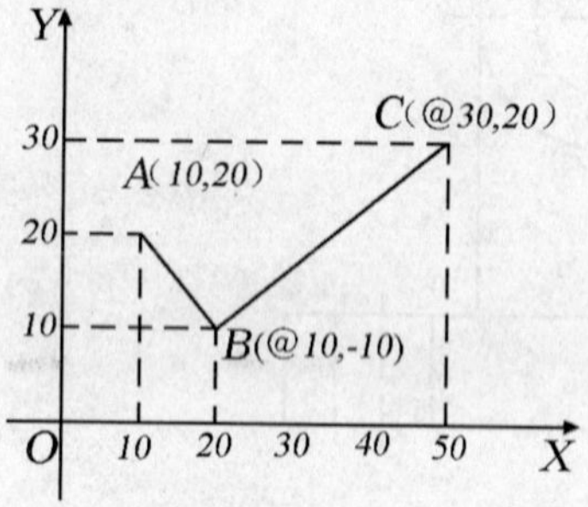

2. 用 AutoCAD 按下图所示，绘制出 A 点的绝对极坐标 A(30<60)和 B(@20<30)、C(@40<60)两点的相对极坐标。

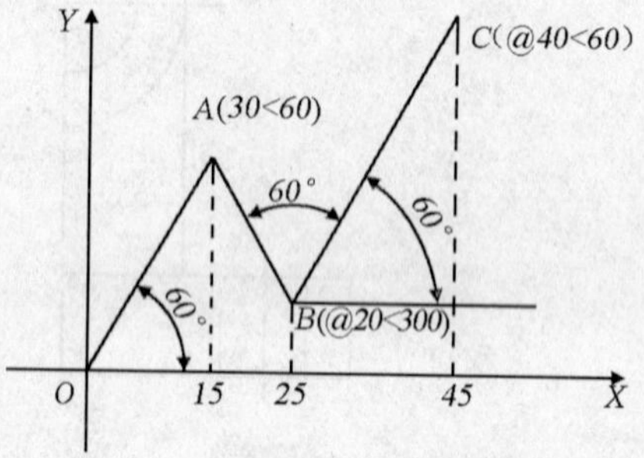

3. 用 AutoCAD 先绘制出如下图所示形体的轮廓线，然后利用图案填充的方法，将剖面符号填充到图样上。

(1)

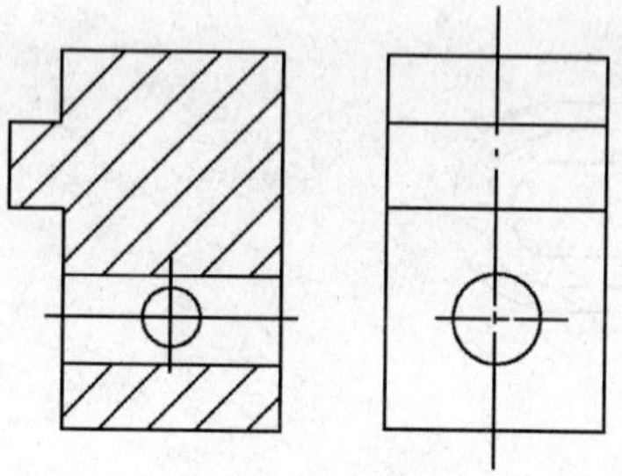

(2)

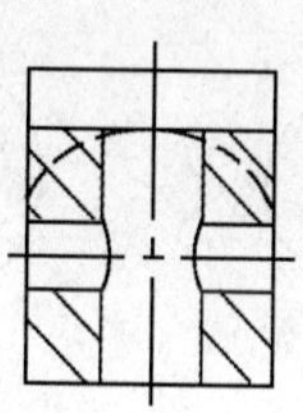

(3)

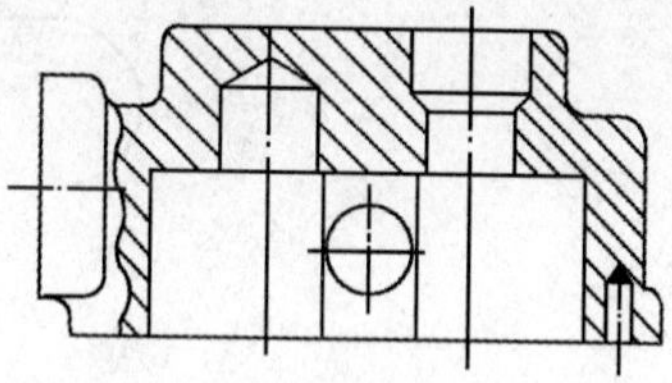

班级　　　　姓名　　　　学号

1. 用 AutoCAD 先绘制出如图 a 所示的图形,然后利用镜像的方法,作出如图 b 所示的图形。

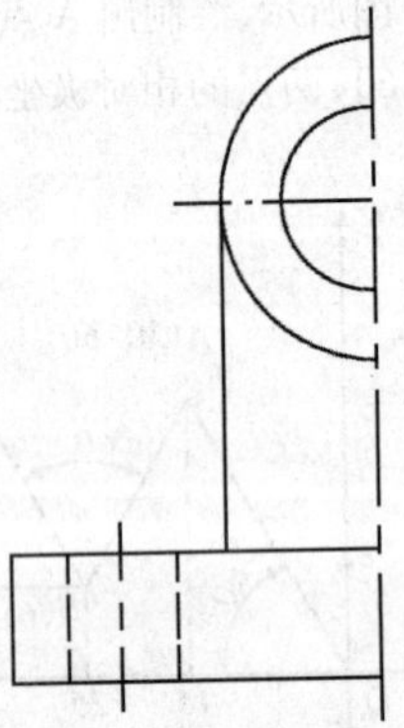

(a)镜像前

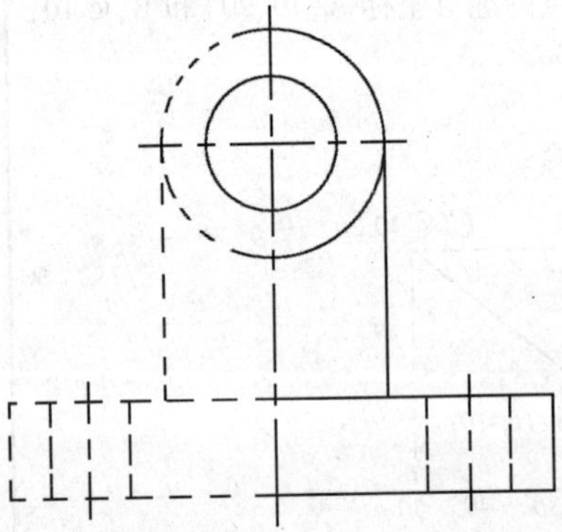

(b) 镜像后

2. 用 AutoCAD 先绘制出如图 a 所示的图形,然后利用偏移的方法,作出如图 b 所示的图形。

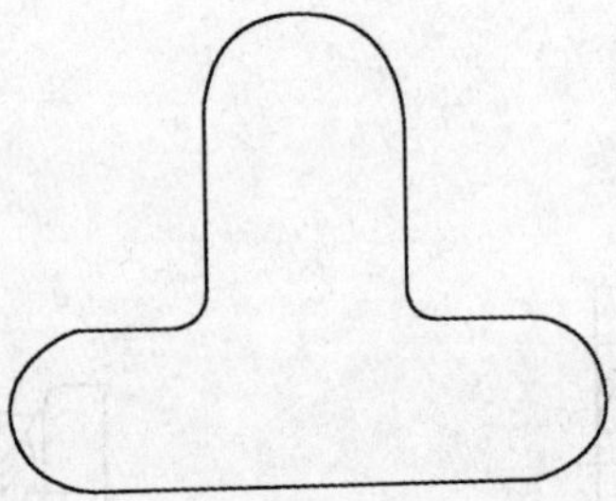

(a)等距前

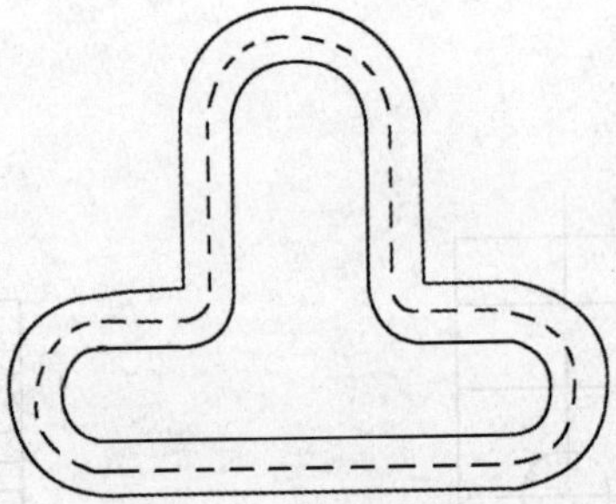

(b) 等距后

班级　　　　姓名　　　　学号

11.3 用 AutoCAD 绘制下列各图(尺寸从图中按 1:的比例量取)

1.

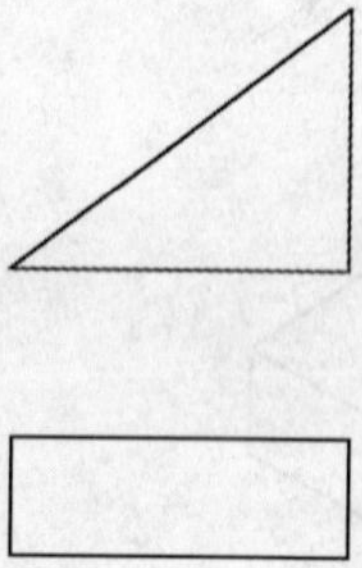

2.

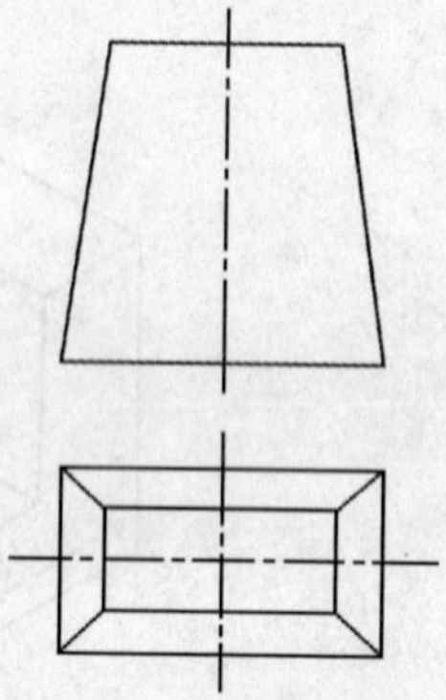

3.

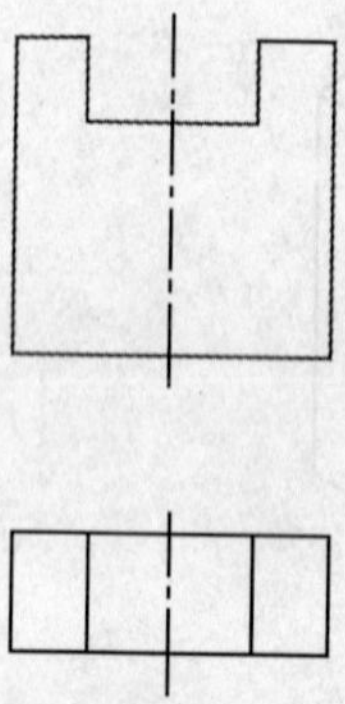

4.

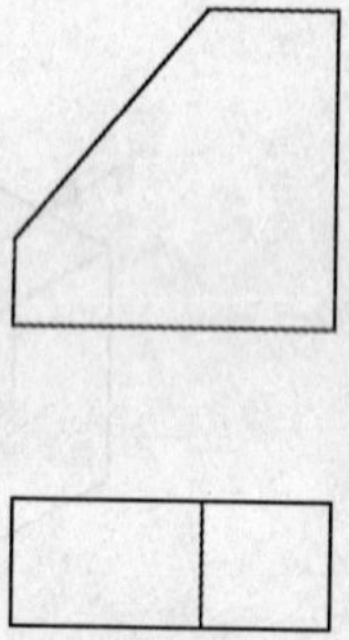

5.

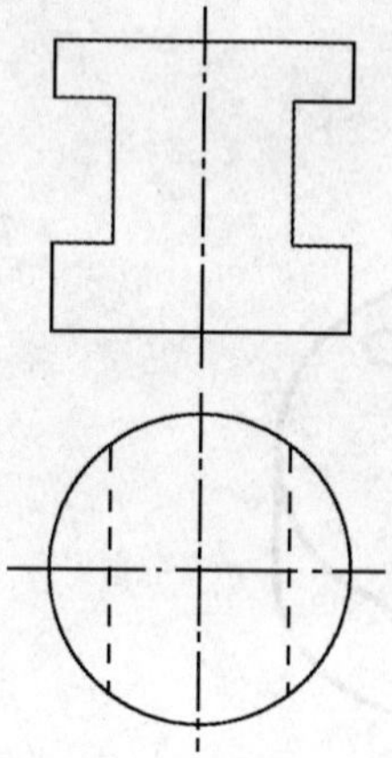

6.

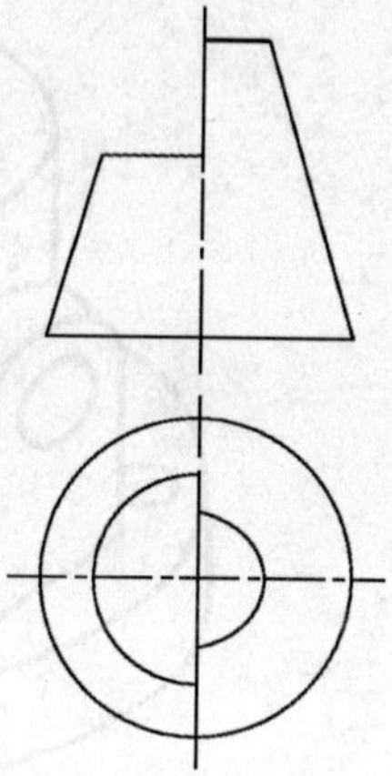

7.

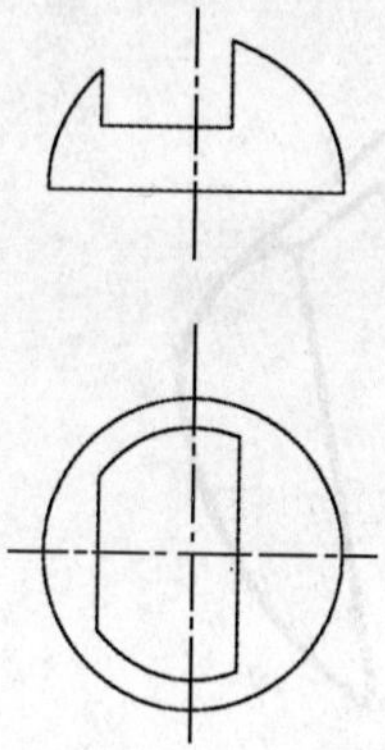

8.

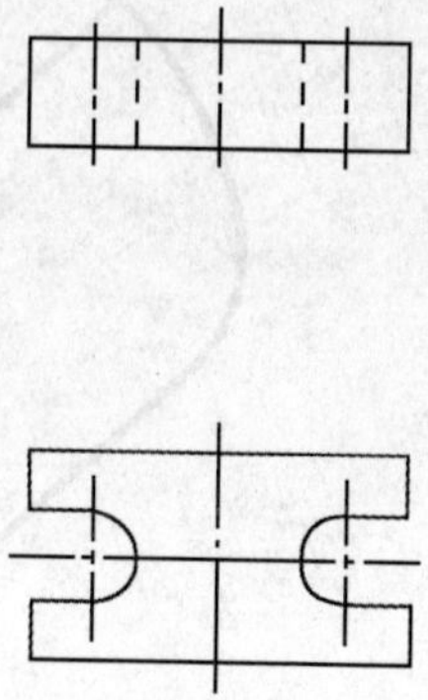

班级　　　　　　　　姓名　　　　　　　　学号

11.4 用 AutoCAD 绘制下列轴测图。

1.

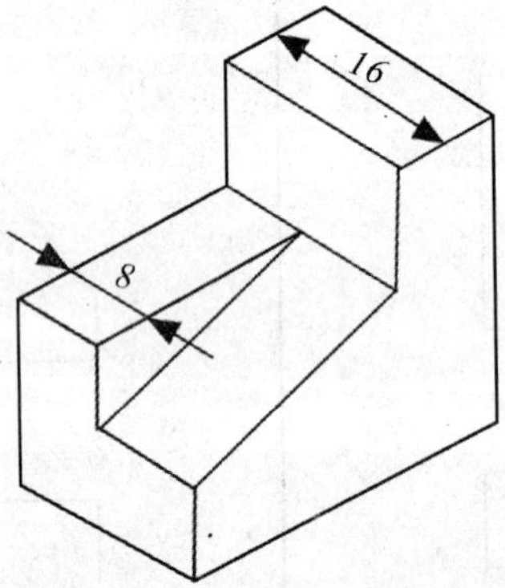

2.

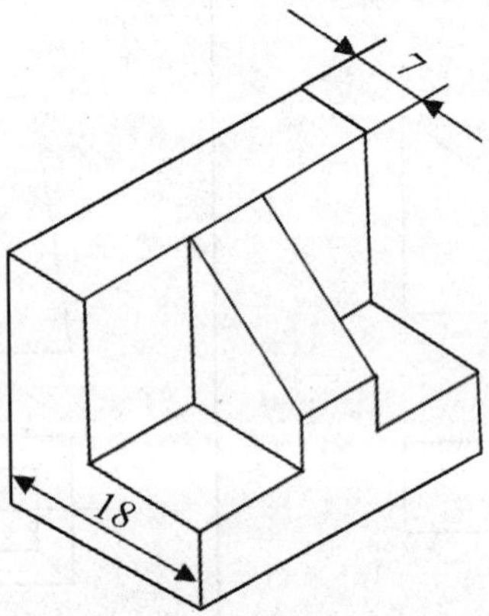

3.

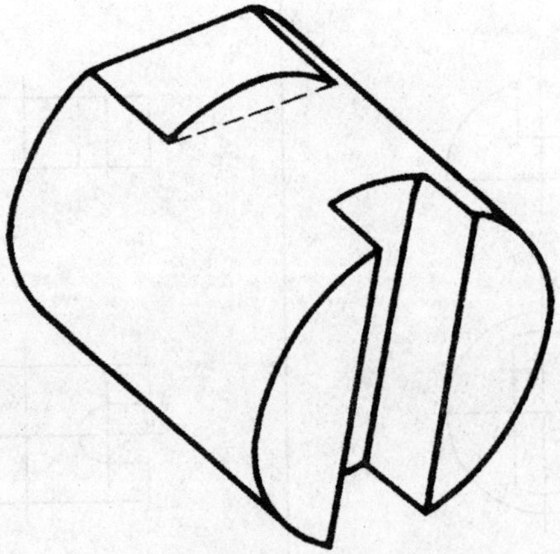

4.

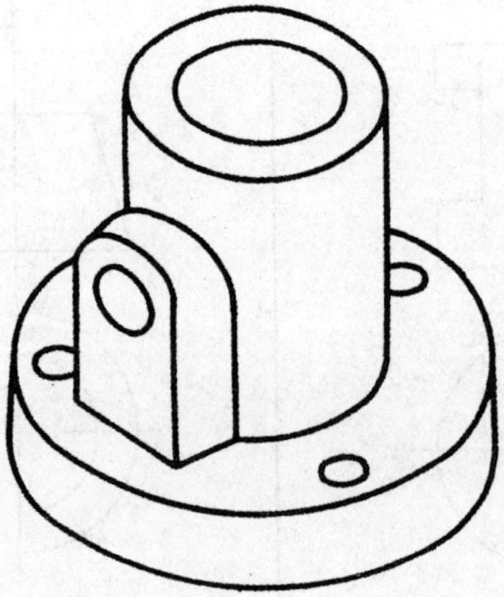

班级　　　　　　　　　　姓名　　　　　　　　　　学号

11.5　试用 AutoCAD 按 1 ：1 的比例绘制下列给定形体的三视图，并标注尺寸。

1.

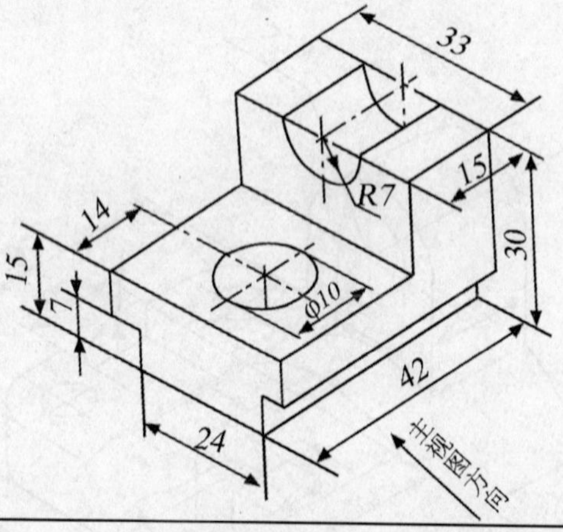

2.

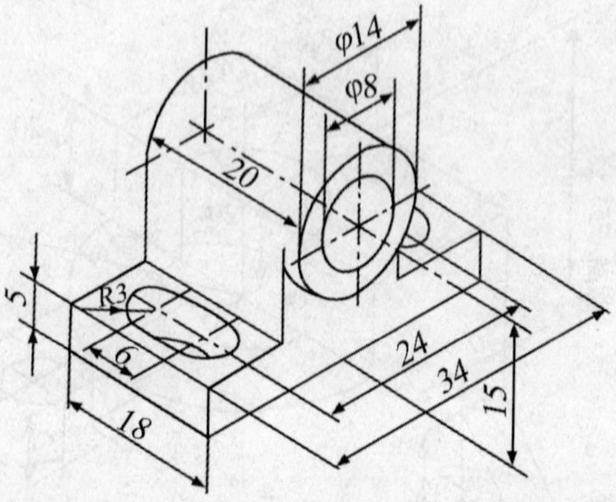

3.

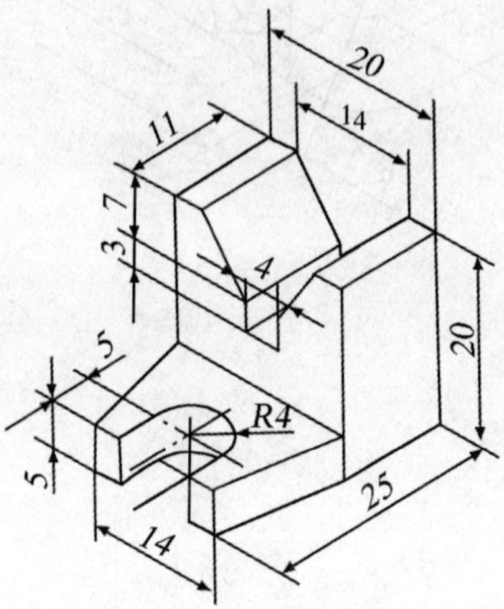

4.

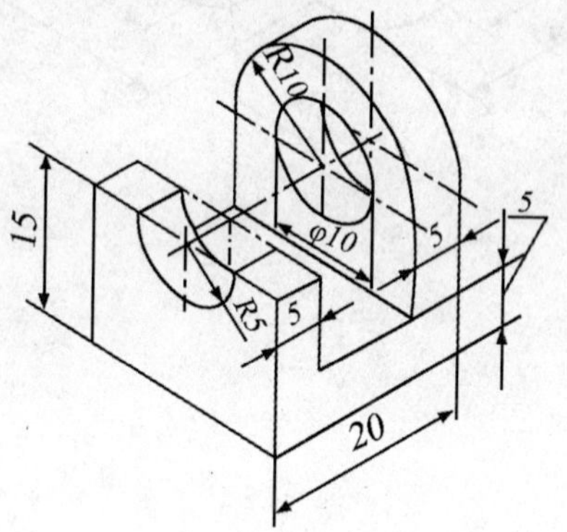

班级　　　　　　　　姓名　　　　　　　　学号

11.6　用 AutoCAD 绘制下列形体的三视图，并标注尺寸。

1. 轴承座

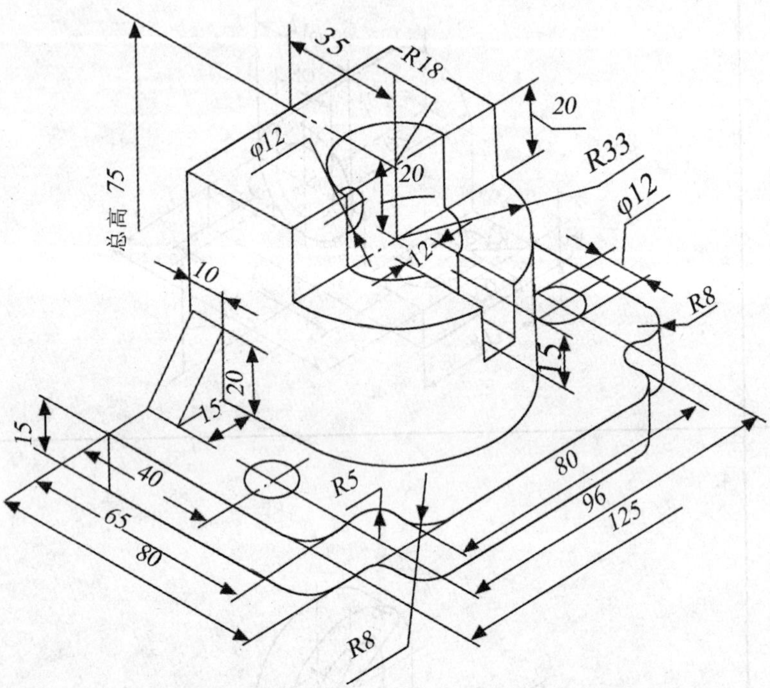

2. 轴承盖

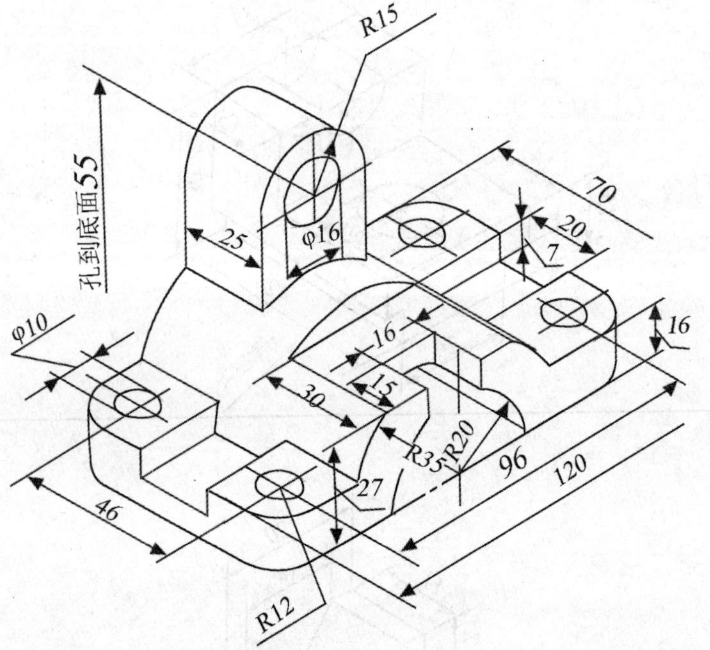

班级　　　　　　　　　　姓名　　　　　　　　　　学号

11.7　计算机绘图大作业。用 AutoCAD 绘制如图所示蜗轮轴的零件图，并标注有关尺寸和技术要求。

作业指导

(1)目的

训练用 AutoCAD 绘制零件图样、标注尺寸和技术要求的基本技能。

(2)内容与要求

①调用标准图幅绘图环境

将绘图所需的绘图界限、绘图单位等内容提前设置好，保存成一个文件，供使用时调出。

②设置图层

将各种图线、尺寸、技术要求等绘制在所设定的图层上，为以后的图形编辑和输出打下基础。

③先画基准线。定好位置，然后画图。

④标注尺寸

用 Layer 命令将当前层设置为尺寸线层，然后在该层上标注尺寸。

⑤标注技术要求

A 用 Block 命令将表面粗糙度制作成带属性的块，用 Insert 命令标注各表面的粗糙度。

B 用 Qleader 命令标注形位公差。

⑥填写标题栏

根据计算机设置填写标题栏。

⑦将画好的零件图存盘。

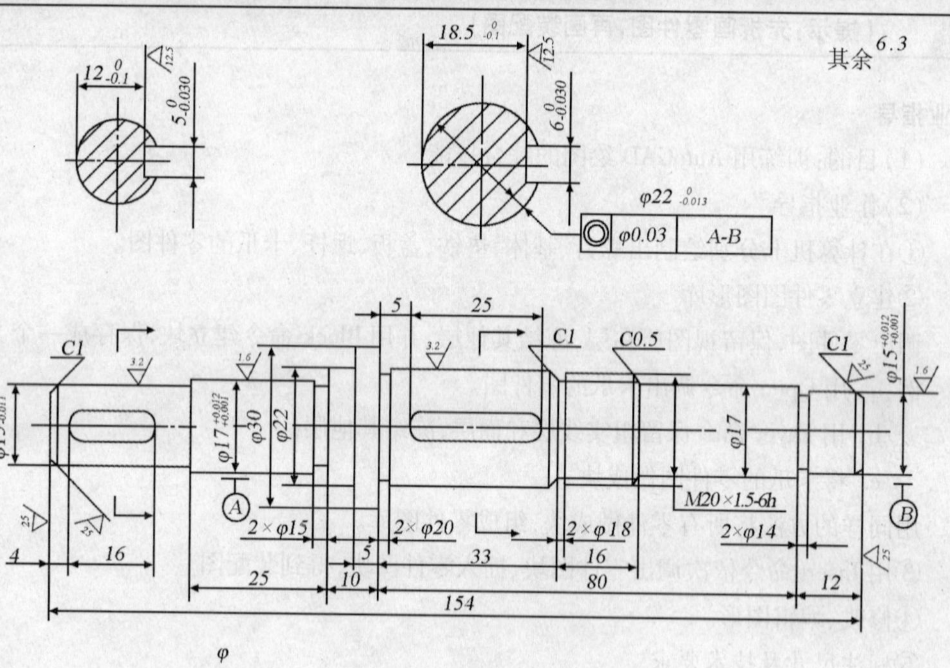

蜗轮轴	比例	数量	材料
			45
制图			
描图			
审核			

班级　　　　　　姓名　　　　　　学号

11.8 **计算机绘图大作业**。**用 AutoCAD 绘制如图所示夹紧卡爪的装配图，并标注有关尺寸和技术要求。**
（提示：先拆画零件图，再画装配图）

作业指导

(1)目的：训练用 AutoCAD 绘图的综合技能。

(2)作业指导

①在计算机上分别绘制出螺钉、基体、垫铁、盖板、螺杆、卡爪的零件图。

②建立零件图图形库

调出零件图，保留视图所在层，冻结其他层，并用 Block 命令建立块，保存成一个文件，供使用时调出。

例：a. 用 Qpen 命令调出卡爪的零件图。

b. 用 Layer 命令保留粗实线层和面层，冻结其他层。

c. 将卡爪的零件图做成块。

用同样的方法将所有零件做成块，组成零件图库。

③用 Insert 命令依次调出零件图块、插入零件图块，得到装配图。

④修改、编辑图形。

⑤标注尺寸及技术要求。

⑥标注零件序号

将零件序号做成带属性的块，当指引线画好后，依次插入符号

⑦填写标题栏和明细栏

根据计算机设置填写标题栏。

（夹紧卡爪的装配图见附页）

班级　　　　　　姓名　　　　　　学号